この数学者に
出会えてよかった

数学書房編集部 編

数学書房

はじめに

　"数学との出会い"をテーマに，小社は『この数学書がおもしろい』『この定理が美しい』の2冊を刊行しました．本および研究分野との出会いに焦点をあてましたが，数学にとってもう一つの大きな要因は数学者との出会いであると思われます．そこで今回，3部作のまとめという位置付けで，数学者との出会いをテーマに本書を企画致しました．

　良い先生・良い数学者に出会うことは，数学を志すときに非常に大きな要素であると言われます．数学者に魅了されて研究分野を選ばれた人も多くいらっしゃることと思います．出会いのエピソード，影響を受けたこと，数学者として学んだこと・魅了されたこと，人間としての交流などなど語れば尽くせないものが数多くあるのではないかと考えました．そこで，16人の数学者のかたに，ご自身にとっての"この"数学者との出会いをご自由にお書きいただきました．併せて，これから数学を目指そう，あるいは，いま目指している若いかたを読者として意識していただくことも御願いを致しました．

　本書を通して，また既刊の2冊を含めて，これから数学を目指そうという読者のかたに，"数学との出会い"の大切さを伝えることができたら幸いです．

　また，ご執筆を頂きましたかたがたに改めて感謝を申し上げます．

2011年5月　東日本大震災後2か月

　　　　　　　　　　　　　　　　　　　　　　　　　　数学書房編集部

目次

J.Leray教授との2年間　Jean Leray ——————————— 2
　青本和彦

二人の巨星　C.Chevalley, A.Weil ——————————— 12
　小野 孝

一期一会　**野口 広** ——————————————————— 24
　加藤十吉

型破りの数学者　V. F. R. Jones ———————————— 33
　河東泰之

愛すべき数学者　Raymond Gérard ——————————— 42
　河野實彦

「以後の風景」のなかで，混沌の裏には単純があると学ぶ
　Gromov，砂田利一 ————————————————— 51
　小谷元子

中学時代の恩師　**林 宗男** ————————————————— 61
　小林昭七

書物を通じて人と知り合う　岡潔，小平邦彦，そして朝永振一郎 ——— 68
　杉山健一

ボルツマンの夢　**Ya. G. Sinai** —————————————— 78
　　髙橋陽一郎

ジャン・デルサルトへの想い　**J. Delsarte** ———————— 86
　　高橋礼司

レニングラードでの出会いから　**Evgeni Sklyanin** ———— 95
　　武部尚志

情熱の人　**小畠守生** ——————————————————— 106
　　西川青季

古希に思う　**J.G.Thompson** ————————————————— 114
　　原田耕一郎

数学者とはどうあるべきか　**Hugh Morton** ———————— 124
　　村上　斉

子供の目　**Maxim Kontsevich** ——————————————— 132
　　村瀬元彦 (Motohico Mulase)

楽しめ人生，楽しめ数学　**Rudolf Gorenflo** ——————— 155
　　山本昌宏

この数学者に出会えてよかった

 # J. Leray教授との2年間
Jean Leray

青本和彦

"Regardez les singularités. Il n'y a que ça qui compte.
(特異点を見よ. そこにこそ核心がある.)"

これは J. Leray 氏がある自分の論文の冒頭に G. Julia の言葉として引用している句である.

1 駆け出しの頃の研究環境

当時 H. Weyl の名著 "Classical Groups" (Princeton) に親しんでいた私には特殊関数への興味が自然と生まれていたようである.

犬井鉄郎さんの著書『球函数・円筒函数・超幾何函数』(河出書房) から超幾何関数, 直交関数およびそれらの数理物理学への多面的な応用について知ることができた. よく知られているように, 連続群の表現にはその行列成分として常に特殊関数が必要である. 特殊関数は特異点と密接な関係がある. 極言すれば, 特殊関数はある意味でその特異点の行状で決まってしまうものであるとも言えよう. そういうわけで, 私の大学院・助手時代 (1963–1966) を取り巻く環境の中でひとつの重要なテーマは関数の特異点であった.

要点のひとつは J. Hadamard の名著 "Le Problème de Cauchy et les Équations aux Derivées Partielles Linéaires Hyperboliques" (Gauthiers-Villars) に接して, 偏微分方程式の基本解を構成するにあたって特異点から生ずる積分の発散を取り扱う, Hadamard の「有限部分」という卓抜なアイデアに接したこと, そし

てロシア語で書かれた I. M. Gelfand, G. E. Shilov, "Generalized Functions I" (Moskow) の内容に接したことである．前者が展開している「有限部分」という概念は L. Schwartz の超関数 (distribution) を生み出すひとつの動機になったという事実は後に知らされることになる．

当時の日本の数理物理学において場の量子論，特に量子電磁気学 (QED) は流行のひとつであった．Feynman–Dyson 展開において繰り込み理論を数学的に厳密に取り扱う問題，おそらくそれと関係が深かったであろう散乱振幅積分 (Feynman amplitude) の数学的定式化について，京大の荒木不二洋さん，中西襄さんらから多くの示唆を受ける機会に恵まれた (今日これは Feynman–Nakanishi の振幅積分と呼ばれている)．特に複素空間上に $\mathbf{C}$ 係数ホモロジー理論を利用して振幅積分を定式化しようとする試みがなされていた．とりわけフランスの Saclay 出身の若手気鋭 F. Pham による解析的積分の変形公式，特異点 (Landau 特異点) の周りの一般化された Picard–Lefschetz 変換は注目の的であった．これについて京大数理研でセミナーを開き，皆で検討したことを記憶している．

F. Pham の主要な仕事は複素アフィン空間 $X = \mathbf{C}^{n+1}$ の中で複素超曲面

$$Y_t : z_1^{m_1} + \cdots + z_{n+1}^{m_{n+1}} = t \quad (t \in \mathbf{C}, m_k \in \mathbf{Z}_{\geq 2}) \tag{1}$$

上，あるいは相対的対 (X, Y_t) 上，あるいは補空間 $X - Y_t$ 上で定義される解析的な積分について，t の解析的な関数として特異点 $t = 0$ の周りでの変形公式を明示的に与えるものであった．私の知る限りそのような公式は m_k がすべて 2 に等しいときのみ知られているように思われた．それゆえに彼の結果は極めて斬新な印象を与えた．

2 研究テーマへのこだわり

じつは特異点の研究は数理物理の世界だけでなくトポロジーの世界でも機を熟しつつあった．(1) において $t = 0$ のとき Y_0 は特異超曲面を表す．すでに，実微分可能写像の特異点の層の芽の研究がフランスの R. Thom を中心に進められていた．ほかに，J. Milnor による複素特異超曲面の研究や E. Briekorn を中心とする西ドイツのグループによる研究，あるいは V. I. Arnold を中心とするモスクワ学派の研究など至るところで繰り広げられていた．

私個人の研究テーマとしては半単純 Lie 群 G の無限次元表現に現れる球関数 (spherical function), 特にクラス 1 の表現の球関数の理解を深めることに関心があった. クラス 1 の表現は G の極大コンパクト部分群 K による商空間, いわゆる対称 Riemann 空間 $K\backslash G$ 上の関数空間 $L(K\backslash G)$ によって実現される (G は $K\backslash G$ に右から作用するものとする). よく知られているように, G の Lie 環 $\mathfrak{g}$ の展開環 $\mathcal{E}(\mathfrak{g})$ は Lie 微分として, すな

写真 1 　 Jean Leray(1906–1998)

わち 1 階偏微分作用素として $L(K\backslash G)$ に作用する. 特に $\mathcal{E}(\mathfrak{g})$ の中心 (center) の元 v に対して固有関数

$$v\varphi(x) = \lambda(v)\varphi(x) \quad (\lambda(v) \in \mathbf{R})$$

のなす非自明な部分空間には K に関して両側不変なゼロでない関数が定数倍を除いてただひとつ存在する. それが球関数である. この球関数の構造について Gelfand 学派の人々および Princeton 高等研究所の Harish-Chandra が時代を画する論文を数本出版していた. これらは $\mathfrak{g}$ の表現の枠組みで精緻に記述されていたが, 一歩おいて関数一般の問題として考えるとき, 事柄が明らかになっているとは私にはとても思えなかった.

- 特殊関数とは何か?
- 何を満たすのか?
- 何で特徴づけられるのか?

など様々な疑問が思い浮かぶ. 次に私どもがどのような関数を興味の対象にしていたかを説明するために, G が $SL_2(\mathbf{R}), SL_3(\mathbf{R})$ の場合に Harish-Chandra による球関数の積分表示を披露する. 球関数は K による両側不変のゆえ, 成分が正である対角行列 a の対称関数としてそれぞれ対応する (下 3 角ベキ等行列をパラメータとする) 旗多様体 (flag manifold) 上の積分によって表示される.

$SL_2(\mathbf{R})$ の場合には $a = \mathrm{diag}[a_1, a_2]$ $(a_1 a_2 = 1)$ の指標 $a_2^{2\lambda_2}$ に対して積分表示式は

$$\varphi(a) = a_2^{2\lambda_2 - 1} \int_{\mathbf{R}} \frac{(a_1^2 x_{21}^2 / a_2^2 + 1)^{\lambda_2 - 1/2}}{(x_{21}^2 + 1)^{\lambda_2 + 1/2}} \, dx_{21}$$

$$= a_2^{2\lambda_2 - 1} \sum_{m \geq 0} c_m \left(\frac{a_1}{a_2}\right)^{2m} \quad \left(\frac{a_1}{a_2} \ll 1\right) \tag{2}$$

と書ける．これは Gauss の超幾何関数の特殊な場合である．

$SL_3(\mathbf{R})$ の場合には $a = \mathrm{diag}[a_1, a_2, a_3]$ $(a_1 a_2 a_3 = 1)$ の指標 $(a_2 a_3)^{2\lambda_2} a_3^{2\lambda_3}$ に対して積分表示式は

$$\varphi(a) = (a_2 a_3)^{2\lambda_2 - 1} a_3^{2\lambda_3 - 1} \int_{\mathbf{R}^3} \Phi(x_{21}, x_{31}, x_{32}) \, dx_{21} dx_{31} dx_{32}$$

$$= (a_2 a_3)^{2\lambda_2 - 1} a_3^{2\lambda_3 - 1} \sum_{m_1 \geq 0, m_2 \geq 0} c_{m_1, m_2} \left(\frac{a_1}{a_2}\right)^{2m_1} \left(\frac{a_2}{a_3}\right)^{2m_2} \tag{3}$$

$$\left(\frac{a_1}{a_2} \ll 1, \frac{a_2}{a_3} \ll 1\right)$$

ここで

$$\Phi(x_{21}, x_{31}, x_{32})$$

$$= \frac{\left(\frac{a_1^2}{a_3^2}(x_{21}x_{32} - x_{21})^2 + \frac{a_1^2}{a_2^2} x_{21}^2\right)^{\lambda_2 - 1/2} \left(\frac{a_2^2}{a_3^2} x_{31}^2 + \frac{a_2^2}{a_3^2} x_{32}^2 + 1\right)^{\lambda_3 - \frac{1}{2}}}{((x_{21}x_{32} - x_{31})^2 + x_{21}^2 + 1)^{\lambda_2 + 1/2} (x_{31}^2 + x_{32}^2 + 1)^{\lambda_3 + \frac{1}{2}}}$$

であり c_m, c_{m_1, m_2} はベキ級数の係数を表す．これは 2 変数超幾何関数そのものではないが，それに準じたものである．特に $c_0, c_{0,0}$ は Harish-Chandra の c-関数と呼ばれ，λ_2, λ_3 について Γ-関数の積で表される．

球関数はいわば対称空間での Radon 変換にあたるホロ球変換 (horospherical transform) を施せば非常に簡単な構造を持つことが知られていた．私はホロ球変換そのもの，およびその逆変換を追求することに関心を持つに到った．そして気づいたことは，ホロ球変換を表す核関数 $V(a, a')$ は支配順序 (dominance order) に関して因果律を持つ Volterra 型で，Riemann 関数や J. Hadamard, M. Riesz などが求めた 2 階双曲型偏微分方程式の基本解あるいはそのベキ作用素との類似点を持っていることである．実際 (2), (3) はそれぞれ

$$\varphi(a) = \int_{a_2 < a_2'} (a_2')^{2\lambda_2} V(a, a') \frac{da_2'}{a_2'},$$

$$\varphi(a) = \int_{a_2 a_3 < a'_2 a'_3,\, a_3 < a'_3} (a'_2 a'_3)^{2\lambda_2} (a'_3)^{2\lambda_3} V(a, a') \frac{da'_2}{a'_2} \frac{da'_3}{a'_3}$$

と表される．

このような機運の中で私はフランスの J. Leray 氏の一連の論文 "Problème de Cauchy", I–IV, Bull. Soc. Math. France, 1957–1962 を目にした．論文 I は解の一意化定理としてよく知られており，III は Leray の留数定理として他分野でも広く利用されている有用なものである．IV はすでに楕円型の場合に成功していた F. John の平面波分解の方法を応用して，双曲型線形偏微分方程式の基本解を求める研究である．すなわち解析的係数の偏微分方程式

$$a\left(x, \frac{\partial}{\partial x}\right) E(x, y) = \delta(x - y)$$

の基本解 $E(x, y)$ の積分表示を求め，その特異点の振る舞いを明らかにすることを主眼としている．そこに展開されている内容は F. John のものに比べて格段に複雑で難解であった．しかしそのアプローチはまさに J. Hadamard の考え方を継承し，特異点に真っ正面から立ち向かい，理論を発展させているという印象を強く持った．すなわち超平面にデータを与えてその Cauchy 問題を解くのだが，その際楕円型とは違って解に特異性 (分岐, ramification) が生じる．表象 (symbol) を Hamiltonian とする Hamilton 力学系の解曲線 (陪特性曲線, bicharacteristic) に沿ってその解を一意化する写像を定義し，それを Laplace 変換を用い積分する．ホモロジーの手法を駆使し，積分表示を求めるべく輪体 (cycle) の構成を行い，方程式 (1) の $m_k = 2$ の場合に限ってではあるが Picard–Lefschetz 変換の公式などを適用して $E(x, y)$ の特異点での有り様を調べる．

特に印象深いのは Hadamard の "有限部分" がここではいわゆる "迂回された輪体 (detoured cycle)" として置き換えられ，問題がトポロジーの枠組みで考察されていることである．もちろん Hadamard の本の中にも暗にそのことは示唆されているが，ここではホモロジーの言葉で明解に説明されている．論文は難解であったが私は，その内容に魅せられてフランスで直接 Leray 教授自身から教えを仰ぐことにした．

そしてたまたま 1966 年 9 月，フランス給費留学生としてパリの E.N.S. に遊学する機会を得た．Leray 教授は Collège de France の力学の教授でそこで定期的

に講演会を開いていて，主として偏微分方程式関係の研究者が参加していた．本人自身はもとより，スウェーデンの L. Gårding, ソ連の S. L. Sobolev, 溝畑茂さんなども講演を行った．

私と Leray 氏との共同研究も私のフランス滞在の 2 年間続くこととなる．テーマは双曲型の場合の彼の研究成果を表象が主型 (principal type) の場合に広げてみようというものである．私はこの問題もさることながら，着眼点，問題の提示の仕方，解決へのアプローチなどを通して彼の数学的なセンスを学ぼうと志した．彼と個人的に会って議論した話題は，彼の過去の業績，私の従来からの関心事も含めて様々なものに渡った．

世界的によく知られているように，Leray 氏は 1930 年代に Navier–Stokes 方程式の解の存在定理を証明し，1940 年代には層 (sheaf) の順像 (direct image) や，複体のスペクトル系列の概念などを提唱，1950 年代後半には偏微分方程式の特異 Cauchy 問題，微分型式の留数定理，そして双曲型偏微分方程式の基本解の構成という独創的な研究成果を発表するなど，その先駆ぶりは日本でもつとに知られていた．まさにフランス解析学の輝かしい伝統を担う卓越した数学者の印象である．それゆえにそれを肌で感じたいという私の強い思いもあった．

氏の数学に一貫して流れていたものはトポロジーと解析学との強い繋がりであったように思う．

20 世紀の始めの四半世紀には無限集合，関数空間での極限概念を厳密に取り扱うための集合論，トポロジーの新しい潮流が生まれた．不動点定理，ホモロジー・ホモトピー理論，代数多様体での Lefschetz の定理などにおいて，Leray 氏はその核心の成果を解析学の種々の局面に適切に取り込み，一連の重要な結果を導いた．晩年の Cauchy 問題の一連の論文においても，É. Picard や É. Goursat などのフランス解析学の伝統に立ちながら，一方で H. Poincaré, É. Cartan らの創設した微分型式を利用して幾何学的に明解な定式化を目指している．

Leray 氏は自ら定めた目標に向かってほとんど一人で立ち向かう，いわば孤高の数学者であって，論文の中には多くの先進性と独創性がきらめいているのだが，他方において他人による有用な成果を機敏に取り入れたりはせず，むしろそれらに疎い面もあった．大きな成果を生み出すには幾多の重要な段階を踏まねばならない．そのすべてを 1 人でやり切ろうとすれば論文は勢い難解にならざるを得なかったのかも知れない．Leray 氏と親交のあった L. Gårding 氏があるとき私に

「Leray 氏の理想は高すぎて，問題が私には難しすぎる」というような愚痴めいたことを言っていたが周囲の多くの人がそのように感じていたのだろう．

　私はこんな印象深いエピソードを一度経験した．ある時 Bourbaki セミナーで M. Atiyah 氏が定数係数双曲型偏微分方程式の基本解に現れる Lacuna について，M. Atiyah, R. Bott, L. Gårding 3 人の共同研究による最新の結果について報告した．講演終了後 Leray 氏が突然前に出て，自分の得た以前の結果について説明し始めた．彼にしてみれば定数係数のみならず変数係数の場合にも同じ定式化ができるのだと主張したかったのだと思う．しかし大部分の聴衆はもはやほとんど顧みず立ち去って行った．

　私は I.H.É.S. の定期的なセミナーにもときどき参加した．当時 I.H.É.S. を賑わしていた問題に，R^n の原点の近傍から R^m の原点の近傍への C^∞-写像の芽 (germ) の特異点の構造安定性 (stability) についての，R. Thom 氏の提起した横断的交叉性 (transversality) による特徴付けの問題がある．この問題については日本の福田拓生さんも当時フランスに来て活躍されていたと思う．この問題を決定的な形で解決した J. Mather の講演が数回にわたって行われた．Thom の横断的交叉性の概念は，写像の特異構造の変形の位相的状況を保持するもの (同位変形, isotopy) で，解析学にとっても有用な応用を見出す．その後私もしばしば引用させていただいた．さらに広中平祐さんもボストンから訪ねて来られ，当時彼自身が証明した特異性を持った複素解析空間の特異点解消 (resolution of singularity) に関する最終証明の方法を披露された．これら特異点をめぐる大きな出来事に私が遭遇できたことは，私のその後の研究に少なからずの影響を与えている．

　残念ながら私の 2 年間のフランス滞在において，Leray 氏との共同研究は実らなかった．論文のプレプリントまではできたのだが，その内容が正しいのかどうか私自身，自信が持てなかったからである．つまるところ，彼の先行する論文を私が完全に消化し切っていなかったということであろう．実はそれは今も続いている．私がフランスを去るときに彼が私に下さった次の言葉は，数学を一言で表現する感動的なものであるが，私にとってなんとも皮肉なものでもあった．

　"La mathématique est une simplicité."

一方で小竹武さん，大矢勇次郎さん，浜田雄策さんなどすぐれた日本人研究者と Leray 氏との緊密な交流があったことを一言付け加えておきたい．

こうして 1968 年 8 月私のパリ滞在は終焉を迎える．その直後私にとって直接係わってくるのは代数幾何学の A. Grothendieck であり，また P. Deligne の仕事であった．超幾何関数や球関数が満たす微分方程式を 1 階化した方程式系と見るとき，それは特異点をもった曲率 0 の平坦接続 (flat connection) すなわち Gauss–Manin 接続である．私はここから再出発することにした．Grothendieck 氏に手紙でこのことを述べると，彼から返事が来た．それは Springer Lecture Note に出版されたばかりの P. Deligne の講義録についてであった．内容は代数多様体上の Fuchs 型微分方程式と平坦接続およびそのコホモロジーに関する記述である．平坦接続 (flat connection) とはもともと微分幾何の概念で完全積分可能なベクトル方程式
$$du = u\Theta,$$
$$d\Theta + \Theta \wedge \Theta = 0$$
のことである．これで微分方程式を平坦接続と見なす一般論は出来上がってしまっていた．少なくとも特異点が法交叉 (normally crossing) の因子である場合には．

ただ Deligne はいつも法交叉の仮定から出発しており，これは応用上は必ずしも適切とは言い難い．そこで頭に浮かんだのは，以前から意識の中にあったのだが，20 世紀初頭に L. Schlesinger や I. A. Lappo-Danilevskii が研究していたいわゆるモノドロミー保存の 1 変数 Fuchs 型の微分方程式の族である．これと代数曲線の補空間のトポロジーにおいて重要な基本群に関する Zariski–van Kampen の定理との類似である．

ホモトピー不変性 $\Longleftrightarrow$ 完全積分可能性

に注目すればその類似は極めて明白である．しかも Deligne とは違って法交叉の仮定なしで話を展開することができる．この手法は私のこの後の研究のひとつの指導原理となる．しかし Deligne と同じことをやっては勝ち目はないと思い，私はこの時点で解析的平坦接続の一般論の研究は諦めることにした (数年後, 偏微分方程式のホロノミック系の Riemann–Hilbert 対応という卓抜なアイデアが柏原正樹さんによって提唱され，少なくとも一般的な枠組みについては，この問題の解決はほぼ成し遂げられたと言える).

その代わりに浮かび上がったのが超幾何関数や球関数などを含む多価解析関数の研究である．Leray氏はすでに

多価解析関数 = "Nilsson class"

写真 2

の重要性にはすでに気づいていたはずである．"Nilsson class" という関数族はおおざっぱに言えば特異点の近傍での増大度が高々多項式程度であり，また関数の分岐 (ramification) が有限的なものからなる解析関数のことである．彼は "Nilsson class" の関数を適当な領域で積分すれば，未だ積分しないパラメータに関して再び "Nilsson class" になることを証明した論文を書いている．ただし，Leray 氏は現実の問題では被積分関数をあくまで一価関数に限っていた．それをさらに多価関数に拡張し，精密に定式化するにはトポロジーの基本概念である局所系 (local system, locally constant sheaf) を係数とするホモロジーや de Rham コホモロジーあるいはそれらの変形理論が必要である．これらをいかに明示的にかつ精密に記述することができるかという問題が目の前に提起されることになった．またもや Grothendieck や Deligne の仕事が大きな示唆を与えてくれた．しかしこれを本格的に実行するのは 1970 年の米国からの帰国後である．

最後に Leray 氏が論文 IV の中で自己の理論の典型例として Tricomi 方程式の基本解の作り方を述べている．それについてここで紹介することにする．この単純な例の中に彼のアイデアが凝縮されている気がする．

Tricomi の方程式

$$\frac{\partial^2 u}{\partial x_1^2} + x_1 \frac{\partial^2 u}{\partial x_2^2} = 0 \qquad (4)$$

を考える．変数 ξ, η に関する複素代数曲線族 $Y = Y_{x,y}$ ($x = (x_1, x_2), y = (y_1, y_2)$ はパラメータ):

$$Y_{x,y} : f(\xi, \eta) = \frac{1}{3}\xi^3 + \xi x_1 + x_2 - \frac{1}{3}\eta^3 - y_1\eta - y_2 = 0$$

に対して非退化条件

$$\left\{9(x_2-y_2)^2+4(x_1^{\frac{3}{2}}-y_1^{\frac{3}{2}})^2\right\}\left\{9(x_2-y_2)^2+4(x_1^{\frac{3}{2}}+y_1^{\frac{3}{2}})^2\right\}\neq 0$$

を満たすものとする．Y は種数 1 の楕円曲線であって Y 上の第 1 種微分型式 $\omega = \dfrac{d\eta}{\xi^2+x_1}$ をとり，Y の適当な 1 次元輪体 $\mathfrak{z}$ 上の積分

$$F(x,y)=\int_{\mathfrak{z}}\omega \tag{5}$$

を考察する．Y の補集合 $X=\mathbf{C}^2-Y$ とする．$H_1(Y,\mathbf{C})$ から $H_2(X,\mathbf{C})$ への (輪体の管状近傍の境界をとる) 写像 δ を用いれば (3) は留数写像を用いて

$$F(x,y)=\frac{1}{2\pi i}\int_{\delta(\mathfrak{z})}\frac{d\xi\wedge d\eta}{f(\xi,\eta)} \tag{6}$$

と表される．$F(x,y)$ が (4) を満たすことは (6) の被積分関数に形式的に Tricomi 作用素を作用させれば精密型式 (exact form) になることよりただちにわかる．実際 Leray 氏は I および II において積分表示 (5) を求める方法を示し，III において (6) の積分表示を考察している．Y が退化する場合は x,y が同一特性曲線 (characteristic curve) 上にあるか，$x_1=0$ または $y_1=0$ となる特異点の場合である．IV においては特異点での振る舞いを考察することにより (5), (6) が実際に Tricomi 方程式の基本解を与えることが示される．なお任意指数 λ に対しても積分

$$F_\lambda(x,y)=\int_{\mathfrak{c}}f^\lambda(\xi,\eta)\eta^k d\xi\wedge d\eta \quad (k=0,1,2,3,\dots)$$

($\mathfrak{c}$ は X での適当な 2 次元ツイスト輪体) がまた (4) を満たすことは容易に確かめることができる．

　このような状況下で $F(x,y),F_\lambda(x,y)$ の満たすホロノミックな構造，その特異点での振る舞い，モノドロミーなどと輪体 $\mathfrak{z},\mathfrak{c}$ との係わりを明らかにすることが差し当たっての問題となろう．

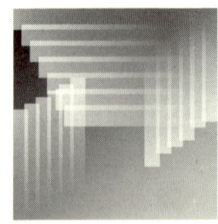

二人の巨星
C. Chevalley, A. Weil

小野 孝

1　学生時代

　シュヴァレーとヴェイユの名は東大に入って (1949) すぐに彌永昌吉先生の本によって知った．先生の『純粋数学の世界』[1]，さらに翻訳『数学の将来』[2]が現れたばかりであった．心覚えのために簡単な年表を書いておく．

(A)
高木貞治 (1875–1960)
E. アルティン, Emil Artin (1898–1962)
A. ヴェイユ, André Weil (1906–1998)
C. シュヴァレー, Claude Chevalley (1909–1984).

　私が理学部数学科を卒業した時 (1952)，上記四人は健在でヴェイユ，シュヴァレーは 40 代の若さであった．3 年生の時のセミナーは彌永先生について高木先生の本『代数的整数論』[3](以下『代整』として引用) を読んだ．『代整』はしばらく前に本屋で買って何べんもパラパラめくっていたが一度はきちんと読んでおかなければならないし，高木先生の高弟でおられる彌永先生に勉強の結果を聞いて頂けるのはまたとない，一石二鳥ともいうべき，機会であると思ったからである[4]．この本は前編「一般論」と後編「類体論」に分れていて，私は Artin の相互律の証明までを一応の目標とした．その序の主要部を引用して見よう．

　　…1920 年，東京帝国大学理学部紀要に類体論の全貌を発表してから，既に四半世紀の星霜を経た．其の間，特に最初の十年間に於て，ドイツの少壮

写真 1 A. ヴェイユ

数学者 Artin 及び Hasse によって，類体論の整理簡約が行はれたが，就中 Artin の相互律の発見は類体論への喜ばしい貢献であった．次で，珍らしくもフランスから，二人の青年数学者 Herbrand および Chevalley が参加して，整理簡約が進められた．本書に掲げた類体論の基本定理及び存在定理の証明法は Herbrand に據り，又相互律は Chevalley の証明に従った．(中略) …その証明法は，上記諸家の努力にも拘らず，今なほ迂餘曲折を極め，人をして倦厭の情を起さしめるものがある．類体論の明朗化は，恐らくは，新立脚点の発見に待つ所があるのではあるまいか．

『代整』の上に述べた前編，後編のあとに歴史的な話題 (二次体論，円分体の類数，イデアル論) そして補遺 (虚数乗法，単項化の問題，Fermat の定理) が続いている．この最後の話題に関して少し引用しておく．

　Fermat の定理[5)]は有名である．即ち方程式 $x^n + y^n = z^n$ は $n > 2$ なるとき 0 でない有理整数 x, y, z では満足させられない，というのである．爾来三世紀の間，多くの有力なる数学者の努力にも拘らず，今日に於ても

写真 2 　C. シュバレー

未だ証明が完成されない．問題の意味は簡単明瞭で，誰にも分るが，それを解くのが，むつかしいことを了解するのがむつかしい，という古典整数論の難問題の特色が，ここにも出ている．問題の事実そのものには何等の重要性も認められないが，それを解こうとする努力から生じた副産物は大きい．Kummer は Gauss の後を継いで円分体の整数論を守り立てて，いわゆる ideale Zahl (空想上の数) を導入し，それを Fermat の問題に応用して，部分的の成果を収めたが，Dedekind の Kummer の構想を一般体に拡張せんとして「イデヤル」論を完成したのである．(後略)

学生時代，私はあまり急がずああでもないこうでもないと不明朗な樹海を紆余曲折するのは好きであったので『代整』に倦厭の情を起すことはなかった．

2　名古屋大学とシュヴァレー

1953 年春，中山正先生のお誘いにより名古屋大学理学部数学科に助手の職を得た．驚いたことに同年秋からシュヴァレー先生 (当時 Columbia 大学教授) が Fulbright 客員教授として名大で講義を始められたのである．以下シュヴァレー (Chevalley) のことを C 先生と略称する．講義は英語で，三つの異なる内容のものが同時に進行した．大変なエネルギーである．

(B)
- (I) Class Field Theory (類体論)
- (II) Algebraic Groups (代数群)
- (III) Schwartz' theory of Distributions.

私はこの中 (I), (II) を聴くことにした.

(I) 類体論について. 大雑把に言って 20 世紀前半の類体論の流れは

(C)
- (I) 高木・Artin (1920–30)
- (II) Herbrand・Chevalley (1930–40)
- (III) Artin・Tate (1950–)

のようで, 最初の二つは『代整』によって学ぶことができる. (C) の最後は群のコホモロジー論 (おそらく『代整』のいう新立脚点) の上に立てられている. C 先生の講義は

CLASSED FIELD THEORY, 1953–1954

として名古屋大学から出版された. その序 (Introduction) が素晴しい. 20 世紀後半に向けての C 先生の嗅覚は鋭い.

> ...Since the work of J. Tate, it may be said that we know almost everything which may be formulated in terms of cohomology in the idèle class group, (中略) However, the generalized L-series of Artin indicates that the questions one would like most to solve by now are rather connected with the theory of characters of the Galois group than with its cohomological invariants. The special features of the abelian case originate in the fact that the second cohomology group of a finite group g over the integers is the group of 1-dimensional characters of g, i.e. the group of all characters of g when g is abelian. The failure of class field theory to give a suitable generalization of the law of reciprocity to the non abelian case may be due to an overemphasis on the purely multiplicative features of fields; it is not impossible that the additive properties would occur essentially in the laws of decomposition of prime ideals; but this is still in the realm of thin air conjecturing.

(II) 代数群について．C 先生のお家芸の一つに群論がある．その流れを著書で追って見ると

(D)
Theory of Lie Groups I, 1946
Théorie des Groupes de Lie II, 1951
Théorie des Groupes de Lie III, 1955
Sur certain groupes simples, Tohôku Math. J. **7** (1955), 14–66
Séminaire C. Chevalley 1956–1958, ÉNS

となる．(B) の (II) の講義は上の (D) の二番目の本に沿っている．おしまいの二つは C 先生来日後になされたお仕事で極めて独創的な傑作として知られ，とくに最後の École Normal Supérieure の 2 巻からなるセミナーノートは (Godement により)Bible と呼ばれた．私達が名大で学んだ頃の C 先生の頭の中では (D) の I, II, III に続いて IV，半単純 Lie 環の分類と表現，V，Lie 環のコホモロジー，VI，Lie 群のトポロジーと続く計画であったようである．実際は C 先生御自身の諸論文，そして当時の次世代 Bourbaki 青年数学者達 (Borel, Cartier, Grothendieck, Serre…) の仕事として引継がれ途方もなく大きな数学へと発展したのである．

さて話を (B) の (I), (II) すなわち名古屋時代にもどす．C 先生の講義はノートを取り易く比較的大きなだみ声でゆっくり話された．(I)類体論は第 1 節にのべた『代整』の序に Herbrand と名を連ねた C 先生がアメリカの青年 J. Tate の仕事[6]に触発されて御自身の立場から類体論の明朗化をされたものと拝察される．

私自身は，idèle や cohomology を基礎から学ぶことをせず紆余曲折を極めた不明朗な道『代整』を選んだわけであるが，C 先生のような明晰な方に (自国に居ながら) 新立脚点の洗礼を受けたのは幸運な出会いという外はない．

(II)代数群は K を体，$GL_n(K)$ を n 次の一般線形群とした時，その '代数的' な部分群 G に関する理論である．ここで，代数的というのは $G = A \cap GL_n(K)$ で A が n 次の正方行列全体 K_n の代数的集合となっていることを意味する．K を $\mathbb{R}, \mathbb{C}, \mathbb{Q}, \mathbb{E}_q, \ldots$ と特殊化すればいろいろ面白い G が採集できる．(II) の目標の一つは K の標数が O の場合に Lie algebra $\mathfrak{g}$ を定義して $K = \mathbb{R}$ の場合を復元することである．幾何学的には $\mathfrak{g}$ は $G \subset K_n$ の単位元 1_n における接空間を $O_n \in K_n$ に平行移動するだけのことである．標数 $p > 0$ では微分はタブーだから

C 先生は $p=0$ に限られた．一方指数関数 $X \mapsto e^{tX}$ は代数的でないから $p=0$ でも工夫が要る．C 先生は K を巾級数体に拡張する方法で切り抜けられた．

C 先生の本 (D) の II の序文が面白い[7]．その一部分を和訳する：

> (前略) L を体 K の有限次拡大体とするとき，リー環の理論によって，L の乗法群の部分群で K 上のベクトル空間 L の線形変換群と見たとき代数群になるものをすべて決定することができる．これ等の群が (L が代数体 K の巡回拡大のときは事実そうなのだが) 体 L の整数論に何等かの役割りを演ずると期待してもよいのではないか？(後略)

純粋な群論の教科書の序文に現われるこの一節は唐突の感を与える．しかし類体論の算術化を実行し，イデールの概念を，導入したフランスきっての数論家 Chevalley を思えば納得できる．

C 先生がクリスマス，正月を主に東京で過され，2 月から名古屋で講義を再開された頃から私に何か名状し難い気持が湧いて来るのを感じた．まず $\mathbb{Q}$ 上の代数群 G をとろう．$\mathbb{Q}$ の完備化を $\mathbb{Q}_2, \mathbb{Q}_3, \mathbb{Q}_5, \mathbb{Q}_7, \mathbb{Q}_{11}, \ldots, \mathbb{Q}_\infty = \mathbb{R}$ として $\mathbb{Q}$ のアデール環を $\mathbb{A}$ と書こう．$\mathbb{A}$ は直積 $\prod_v \mathbb{Q}_v$ の元 $a = (a_v)$ で有限個の p を除いて $a_p \in \mathbb{Z}_p$ (p 進整数環) なるもの全体で自然に局所コンパクト環となり有理数体 $\mathbb{Q}$ は対角写像 $a \mapsto (a, a, \ldots, a, \ldots)$ により $\mathbb{A}$ 内の離散的な加群とみなされる．商群 $\mathbb{A}/\mathbb{Q}$ はコンパクト．

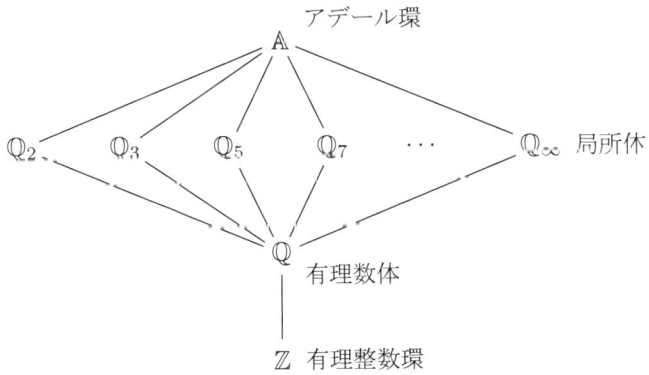

さて $\mathbb{Q} \to \mathbb{Q}_v \to \mathbb{A}$ のプロセスは $\mathbb{Q}$ で定義された代数多様体 X に適用される．X は Q を係数とするある多変数多項式の系の共通零点として与えられるからそ

の零点をとる体や環を変化させれば $X(\mathbb{Q}) \to X(\mathbb{Q}_v) \to X(\mathbb{A})$ なる X のアデール化が考えられる. G にもどれば

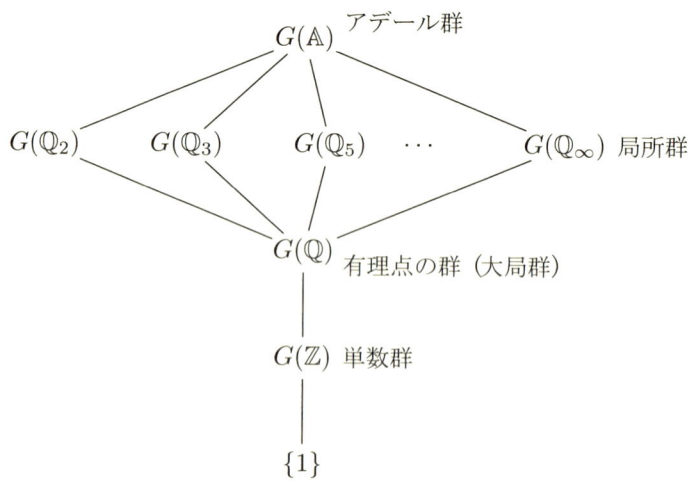

とくに $K/\mathbb{Q}$ を代数体とする. $K^\times$ を K の乗法群, J_K を K の idèle 群とすると $K^\times$ は J_K の部分群で $J_K/K^\times$ が idèle 類群. もちろん $K^\times = GL_1(K)$ と書ける. 一方 $K^\times$ を n 次ベクトル空間 $K/\mathbb{Q}$ の一次変換と見れば $K^\times \subset GL_n(\mathbb{Q})$ と考えられ代数群である. それを G とすればアデール群 $G(\mathbb{A})$ が考えられ $G(\mathbb{A}) \approx J_k$ となる. 従って $\mathbb{Q}$ 上の代数群のアデール化 $G(\mathbb{A})$ は Chevalley の意味のイデール群に外ならない. このようにして任意の代数群/$\mathbb{Q}$ に対して具合よくアデール群 $G(\mathbb{A})$ が定義される. $G(\mathbb{Q})$ は局所コンパクト群の離散的な部分群で一般には非可換だからイデール類群 (『代整』のイデアル類群と単数群の混合物) の考えは等質空間 $G(\mathbb{A})/G(\mathbb{Q})$ に拡張される. C 先生の講義の (I), (II) は<u>(II)をアデール化すれば(I)の拡張としてどのような定理を証明することができるか? という極めて自然な発想を私に与えたのである</u>.

C.Chevalley
1 Rue de Prony
Paris (17)
                                          Le 9 Décembre 1957

            Cher Monsieur ,
    Je suis très heureux que vous ayez décidé de vous présenter
à l'examen des bourses et que vous désiriez venir en France l'année
prochaine ; je vous envoie ci-joint une lettre de recommandation .
    J'ai reçu les manuscrits de vos deux mémoires , et je vous en
remercie . Votre formulation générale du problème du nombre fini
de classes dans un genre me parait très intéressante . Peut-être
les travaux de Siegel permettraient-ils de résoudre la question
dans le cas du groupe symplectique ? - D'autre part, le cas des
groupes non commutatifs formés de matrices unipotentes devrait ,
semble-t-il , être accessible .
    J'ai en effet réussi à classifier les groupes algébriques
simples sur un corps algébriquement clos de caractéristique quel-
conque . Si on demande qu'ils soient strictement simples , ils sont
isomorphes comme groupes abstraits (mais pas nécessairement comme
groupes algébriques : il peut y avoir des isomorphismes de groupes
abstraits qui sont des applications purement inséparables) aux
groupes que j'ai fabriqués dans mon mémoire de Tohoku . D'une
manière générale , on peut classifier tous les groupes linéaires
algébriques connexes semi-simples (i.e. qui n'ont aucun sous-groupe
distingué résoluble infini) sur un corps algébriquement clos rela-
tivement à la notion d'isomorphisme algébrique (applications bi-
régulières) : on trouve que la classification est exactement la
même qu'en caractéristique 0 : pour chaque diagramme de Dynkin ,
on trouve autant de groupes distincts en caract. p qu'en caract. 0 .
    J'espère pouvoir bientôt causer de ces questions avec vous à
Paris . En attendant, croyez, je vous prie, à mes sentiments les
plus amicaux ,
                                    C. Chevalley

3　パリ・プリンストンとヴェイユ

　C 先生が 1954 年春名古屋を去られた翌年秋は，東京–日光のシンポジウム (1955) でいわゆる 10 人の予言者 (国外からの講演者) が来日した[8]．C 先生および，岩澤先生にはすでに会っていたが，ヴェイユ (W 先生とする) にはこれが初対面であった．W 先生が Artin 先生と二人で私に近づいて来られ握手を交わした後当日割り当てられた私の報告の内容について質問された[9]．W 先生は C 先生より 3 歳年上，ともに École Normale の秀才，Artin との接触，Bourbaki の創始，日本への関心，理解等々多くの共通点を持たれる一方，極めて異なる点もある．W 先生は，静かな C 先生と違って適切な瞬間に大勢の人を驚かすという特技を持っておられる．あるパーティで突然耳をつんざくようなオペラ歌手の声，あるいは猫の声，が聞こえて来れば，それは W 先生の発したものである．そして御本人は椅子に坐ってケロッとしている．閑話休題.

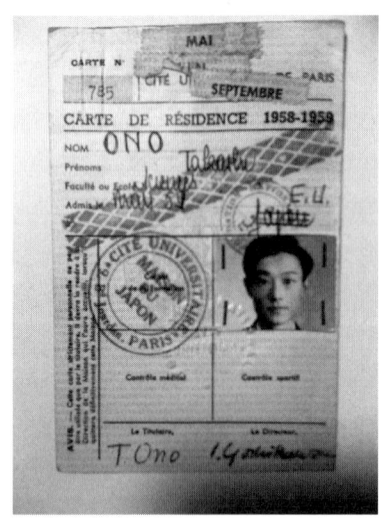

写真 3

　1955 年のシンポジウムもすんで秋も深まって来ると 10 人の予言者も日本を去った．W 先生はその前に名大に寄られ有限体上の代数多様体についての有名な予想[10]を講演された．名古屋は静かになった．そのころ私はフランス語の論文を

三つ書いた.

[1] Sur une propriété arithmetique des groupes algébriques commutatifs, Bull. Soc. Math. France, **85**, (1957), 307–323,

[2] Sur la Réduction modulo p des Groupes Linéaires Algébriques, Osaka Math. J. **10**, (1958), 57–73,

[3] Sur les groupes de Chevalley, J. Math. Soc. Japan, **10**, 3 (1958), 307–313.

[1] は 1954 年 C 先生の講義 (B) の (I) 類体論, (II) 代数群, の合成の発想に基づいて代数群 G が可換群の場合に商群 $G(\mathbb{A})/(G(\mathbb{Q})\cdot G_\infty(\mathbb{A}))$ が有限群になることを証明したものである[11](『代整』のイデアル類数の有限性の拡張である). さらに英語の論文

[4] On some Arithmetic Properties of Linear Algebraic Groups, Annals of Math. **70** 2., (1959), 266–290

を書いた. [4] は私の op. 12 で日本で書いた最後の論文である. プリンストンから送られて来た [4] の校正刷を見たのは着いたばかりの Maison du Japon の一室に於てであった. (了)

```
                                        Nov.21, 1958.

Dear Ono,
        I heard recently from Cartan that you would probably
go soon to Paris and stay there until the end of the academic
year. On that assumption, the Institute has decided to invite
you for 1959-1960; you will soon receive an official letter
of invitation from the director.
        It is possible, however, that it is now too late for
arranging your trip to Paris for this year. In that case,
I imagine that the Conseil National de la Recherche Scien-
tifique would want to invite you for next year. If so, it
would be for you to decide what to do. I am sure that there
would be no difficulty at all to postpone your invitation
to Princeton to the following year if you went to Paris during
1959-1960.
                         Yours sincerely
```

```
                                        October 17, 1958.

   Dear Ono,
        I received your manuscript to-day. I am not going
   to publish mine for some time, because I thought it more
   appropriate to let Tamagawa publish his work first. As
   to your manuscript, I am going to submit it in your name
   to the Annals, which will be a good place for it, I think.

        I should like to know about your plans for next year.
   Someone told me that you wanted to go to Paris, but that
   you failed to get one of the stipends of the French De-
   partment of Cultural Relations because of the stupid
   manner in which their regulations work. I do not know
   whether Cartan has done something about your case. But
   I should be quite happy to propose your name to my col-
   leagues at the Institute, and try to arrange an invita-
   tion for you to come to Princeton for a year, if you
   tell me that you would like to do that. Perhaps it could
   even be arranged for next year (1959-60), although of
   course I can make no promises until I have talked to my
   colleagues about it. Anyway, I should like to know your
   intentions.

        With best regards
                                   Sincerely yours

                                   A. Weil
```

後註

1) 彌永昌吉『純粋数学の世界』弘文堂, 4 版, 1948. さらに同先生の『数学者の世界』岩波書店, 1982, 『数学者の 20 世紀』岩波書店, 2000 参照.

2) A. Weil, L'avenir des mathématiques, Cahiers du Sud, Paris, 1947

3) 高木貞治『代数的整数論』岩波書店, 1948.

4) もう一つの理由として高校時代の恩師中村幸四郎先生が, やはり彼の恩師を「高木先生は限り無く偉かった」と事あるごとに繰り返されたことが大きい (数学セミナー, 1987, vol. 26 no. 12, pp 26–29, 参照). この場を借りて書かせて頂くが, 高校, 大学時代に, 高木先生にお目にかかったことが二度ある. 高校の時は, 神田の日土講習会 (田島一郎氏) で「数学の自由性」と題する話をされた時 (と記憶している). クリスマス近く戦争裁判の判決のニュースが流れた頃であった.

5) 『代整』の書かれた時点では Fermat の定理は, もちろん Fermat の予想である. 近頃コンピュータの影響で ranking が流行しているが類体論の諸定理と Fermat の定理のどちらが良いかは明かである. 前者は極めて多産的であるが後者

のように一つの方程式に解のないことを証明しても使いようがない．

6) J. Tate, The higher dimensional cohomology groups of class field theory, Annals of Math., **56** (1952), 294–297

7) C. Chevalley, Théorie des groups de Lie, Tome II, Groupes algebriques, Hermann, 1951

8) 　アルティン (Artin, プリンストン大学)
　　ブラウアー (Brauer, ハーヴァード大学)
　　シュヴァレー (Chevalley, コロンビア大学)
　　ドイリンク (Deuring, ゲッティンゲン大学)
　　岩澤健吉 (Iwasawa, MIT)
　　ネロン (Néron, ポアティエ大学)
　　ラマナタン (Ramanathan, タタ研究所)
　　セール (Serre, ナンシー大学)
　　ヴェイユ (Weil, シカゴ大学)
　　ゼリンスキー (Zelinsky, ノースウェスタン大学)

"予言者" というのはシンポジウム第一日目の講演の幕間に突如として演壇に躍り出た W 先生が黒板に書かれた冗句

——There is one God who has ten prophets.

による．

9) 報告のタイトルは

On orthogonal groups over number fields, Proc. International Symposium, Tokyo & Nikko, 1955.

10) いわゆるヴェイユ予想 (1949)．ドリーニュにより解かれた (1974)．

11) ここでは $G/\mathbb{Q}$ としたが $\mathbb{Q}$ を任意の代数体 k にとってもよい．後年 (1962) この類数の有限性は Borel–Harish Chandra により任意の代数群に対して拡張された．

(後註終)

一期一会

野口 広

加藤十吉

1 まえがき

　約 40 年の数学研究の道で，小生の専門分野—位相幾何学—の研究を決定づけ，研究上でも多大の影響と恩恵を受けた数学者は，大学時代の指導教官の野口広先生 (早稲田大学名誉教授) です．普通，指導教官を最も影響を受けた数学者として取り上げるのはごく当たり前ですが，それなりの特別な理由があります．

　第 1 に小生は早稲田実業学校 (早実) という中高一貫の商業学校の中学部から，高校を卒業すればエスカレータ式に早稲田大学に進学できる早稲田大学高等学院に入学し，付属高校からの早稲田大学理工学部数学科入学といった，当時あまり例の無い経歴の数学研究者であること．第 2 に，数学科では野口先生から Bing 流数学研究者教育法[1]の洗礼を受けたこと等が挙げられます．そのような境遇で，どのように指導教官を選択し指導されたかを，お世話になった諸先生，先輩方に感謝を込めて記し，この小文の役割を果たさせて頂くことにします．

　昭和 20 年の横浜大空襲により家族が身を寄せていた母方の祖父の家も焼失し，当時，3 歳足らずの小生は家の焼け跡から兄が通園で使用していたバスケットの焼け残りを見つけ，母親に誇らしげに「バッケット！バッケット！」と言って手渡したそうです．こうした名実ともに「焼け跡派」の数学研究者の思い出話を御笑読下されば幸いです．

---

[1] 野口先生がよく使われた言葉で，新研究分野の指導にあたり，重要な原論文に回帰させ，その別証明を考えさせたり，新しい問題を解かせたりして，研究現場での直接作業にあたらせて指導する方法と云えるでしょう．

写真 1　野口 広

2　あこがれの野口先生

　早実の中学部から早稲田大学高等学院を受験したのは昭和 33 年の春です．競争率は 10 倍を超える難関でしたが，受験番号は 516 番 (五色番) という幸運な番号で，そのおかげで入学できました．この高校では，専任教諭以外に大学の若手研究者が非常勤講師として教鞭をとられていて，高校 1 年の数学担当は代数が石垣春夫先生，幾何が垣田高夫先生でした．両先生とも，東京教育大学 (現筑波大学) 出身で，後に，早稲田大学理工学部教授になられました．石垣先生は複素数の講義の中で，「複素数には大小 (順序) < 関係がない」と言及されました．ある数学啓蒙書で，たまたま，複素数にも辞書式順序と呼ばれる大小付けが出来るのを知っていた小生は講義の終了後，恐る恐る「複素数にも辞書式順序があるのではないですか?」とお伺いしました．その時の石垣先生の答えは「君は岩波新書の遠山啓著『無限と連続』を読んでみなさい」でした．中学時代にその指導の厳格さから密かに尊敬し，担任でもあった数学の田中芳一先生から，「数の歴史において，何もない数「零」の発見は偉大な発見であるが，その発見が西洋ではなく，東洋のインド人によってなされた」という印象的な話を聞き，その後たまたま近所の本屋で，『零の発見』という題名の本 (岩波数学新書，吉田洋一著) を見つけ興味深く読んだこともあり，『無限と連続』もすぐ手に入りました．この本には順序につい

ての記述を見つけることは出来ませんでしたが，現代の数学——抽象数学——の好適な入門書で，集合や群の考え方が分かり易く記述されていて，読み続けるうちにいつの間にか抽象数学の世界に引き込まれました．早実の中学2年の代数の担当の長沢正先生は，数の演算の基本公式として体の公理に相当するものを列挙され，どんなに複雑な等式もこれら数少ない公式を援用すれば必ず導けるといわれ，数学は原理的には単純なものだなと印象づけられ，同時に数学に魅力を感じたことがありました．商業学校の中学部から大学の付属高校に入学し，どちらかといえばモラトリアム化しがちな当時の小生にとって，『無限と連続』の著者遠山啓先生のアカデミック精神を奮い立たせる筆力に感動し，そうした中学時代の数学への「憧憬」が抽象数学にも喚起され，一気に読み切りました．結果的には石垣先生の助言は効を奏したといえます．最後の方では，「このように現代では，さまざまな幾何が考えられるが，とりわけ，未開の分野である位相幾何学は20世紀の幾何学としてその発展が期待されている」との一文が印象的でした．

　早実は早稲田大学キャンパスに隣接し，当時の国鉄で自宅の赤羽から赤羽線で池袋へ，山手線で高田馬場に出て，駅からのスクールバス (都バス) で早稲田大学正門前で下車し通学していました．時折，帰校時にはバスを使わずに大学のキャンパスを通り抜け高田馬場まで寄り道の散歩をしたものでした．たまたま，早稲田祭期間のある日，そうした寄り道で，理工展の中の数学展なるものを訪問し，その展示で，「ゴム膜の幾何」というのがありました．その展示では，「ゴム膜の幾何」を「位相幾何」ということなどを大雑把に学べました．当時の早稲田祭では，このように現在のオープンキャンパス，いや，実際にそこで学ぶ学生に接することの出来る「生 (なま) オープンキャンパス」が体験でき，「門前の小僧の倣い」が可能だったのです．そのお陰で，『無限と連続』を読む以前から，位相幾何が「ゴム膜の幾何」であり，面白そうな幾何であると薄々感じていました．

　さて，高等学院では高2の学期末に，大学の理工系学部かそれ以外の学部に進学するかで，高3のクラス分け——理科組，文科組——の再編があり，高2の時点でその志望を決めなければなりませんでした．高等学院の最寄り駅は，西武新宿線の上石神井で，帰校時に石垣先生とは高田馬場駅までご一緒する機会が多々ありました．ある日，帰りの電車で先生の横に坐り，「早稲田大学で数学を学ぶとしたら，世界に通じる最先端の研究など出来るのでしょうか？」とお伺いしました．すかさず，先生からは「早稲田で数学を研究しようというのなら，『位相幾何学』の野口

広先生しかいないのではないのかな?」と答えられたのでした．数学者はどれだけ価値ある論文を書いたかで評価され，論文は通常論文雑誌に掲載されます．数学の論文雑誌の中で「Annals of Mathematics」は誰もが最高権威と認める雑誌です．実は，野口先生の論文がそこに掲載されていたことを知ったのは，それから 5 年以上後のことでした．僭越にも我が師野口先生を「数学者」とよばせて頂きましたが，この権威ある雑誌に論文が掲載されたということだけでも，先生が「数学者」であると納得して頂けるでしょう．当時は，そんなこととも知らずに，一途に石垣先生の言葉を信じ，安心して理科組を選択し，そして，大学では野口先生のもとで「位相幾何学」を学ぼうと勝手に決めていたのでした．

3　丁稚生徒時代

小生の父は 1923 年の関東大震災で父を失い，母子家庭育ちで，貧しいながらも校長先生から学費の援助を受け，横浜商業に進学できたそうです．しかし，期するところあって中退し，商家に丁稚奉公し，20 代後半で独立した「丁稚上がり」の商人 (あきんど) でした．学問の世界に触れる機会はほとんど無く，大切なのは実社会での勉強であり，自分は学歴はないけれど，いろんな知識を教科書ではなく新聞から学んだとよく語っていました．幸い，年子の 3 人の兄と 2 つ離れの末っ子の小生の 4 人の息子に恵まれ，子供達が高校を卒業したら丁稚奉公修行後に，自分の職業を継がせるという計画でした．しかし，小生の誕生後まもなく軍属として，パプア・ニューギニア方面に派遣されました．母によると戦前は羽振りのよい生活だったそうですが，復員後は無一文となり，家族全員揃って，横浜の金沢八景の「引き上げ者寮」で暮らすこととなりました．父に言わせると，「ここには海がある．もしもの場合，貝魚で飢えを凌げ，飢え死にしないで済むだろう」ということでした．丁稚上がりの父には最悪の事態にあってもわずかな可能性から活路を見いだそうとする逞しい雑草魂がありました．小学 4 年のとき，ようやく父も東京の赤羽で一軒家を手に入れ，東京での生活が始まります．その後，長兄，次兄は商業高校を卒業し，3 兄は早実の中学部に，その流れで小生も 3 兄と同じ中学に入学しました．「大学を出なくても，『去華就実』に徹する立派な実業人を育成する」という早実の建学の趣旨は父の教育観に呼応していたようです．上の 2 人の兄は，高校卒業後，「丁稚奉公」代わりに，父の知人の経営する会社に 1 年間

住み込みで勤務した後，父の職業を継ぎました．しかしながら，父の戦前の古い教育観—丁稚奉公修行による商人形成—の考えはすでにサラリーマン社会では陳腐化していました．こうして，母の夢—3男と4男(末っ子の小生)はせめて大学に進学させる—が支配的になります．父自身が自分の職業(綿花商)に時代の変化による翳りをそれとなく感じ始めたこともそれに拍車をかけました．しかし，基本的には小生の中学，高校時代は父の強力なリーダーシップのもとにあり，「丁稚奉公修行前」の「丁稚生徒」という状態だったのです．それだけに学問できるのは今の学生時代でしかないと感じていました．「一寸の光陰軽んずべからず」の精神は息子達に徹底していたようです．

他方，小生が中学2年の春，早実の高等部に王貞治さんが入学し，その翌年，早実は甲子園春の選抜大会で優勝しました．同じ年，小生は早稲田大学高等学院を受験合格し，その翌年，3兄も現役で早稲田大学第2法学部に合格し，その後，第1法学部への転学部に成功し，母の夢は実現しました．現在でこそ早実は早稲田大学の付属校化し，8割の推薦入学枠があると聞きますが，当時は付属校化されていなかったので，商業高校からの大学受験という難関を3兄は見事に乗り越えたのでした．3兄の同級生には選抜優勝の出場ナインもいて，そうした早実の課外活動の名声は在学生達の暗黙の励みになったのも確かです．

4　野口セミナー

早稲田大学理工学部数学科の新入生オリエンテーションでは形通り講義室やセミナー室に案内されましたが，嬉しいことには数学科学生室というのがあり，そこでは学年に関係なく学生同士の交流が可能になることでした．丁稚生徒が丁稚学生となった今，先輩からより進んだ数学の知識を吸収するには絶好の空間になるからです．学期初めに出向き数学展に参加するにはどうしたらよいかなどとと尋ねました．そのとき，幸運にもその後野口セミナーでお世話になる工藤慶子先輩や氏原征子先輩，以後，それぞれ，K先輩やU先輩と呼ばせて頂く，に数学展の準備スタッフとして出会うことができたのでした．その後も学生室でお会いする機会に恵まれ，K先輩からは野口セミナーは2年次から参加出来るが，話をするのは3年次からになるという情報を頂きました．

待望の2年生になりました．野口セミナーは毎週の決められた曜日の午後でし

た．ある程度メンバーがセミナー室に集まると，まづ，前回に野口先生から読んでおくようにと指示された諸論文のコピーをとる作業から始まります．現在では，ゼロックスというありがたいコピー機械のおかげで，個人的に済ませる作業ですが，当時は，その作業室が暗室とよばれるように，写真の現像焼き付けに相当する作業を全員で協力してやらねばならなかったのです．まず，論文の各ページを写真原版としてコピーし，それを透明フィルムに重ねて焼き付けてコピー原板を作成します．この作業は原板とフィルムの重ね具合などで出来栄えの変わる職人的作業でした．フィルム用紙のケースの Agfa というメーカー名が印象に残っています．当時はこういうものも輸入していた時代で，失敗の度に高価な外貨を失うという罪悪意識のもとでの真剣勝負でした．フィルムに焼き付けた文字像を定着させるために一端水に浸し，余計な化学物質を洗浄してから，フィルムを乾燥させるために頭上に張られた紐に次々と洗濯ばさみで吊して作業は終わります．部屋中の電気がつくと，やっと終わったとホッとしました．原版ができると，当時でも国産のリコピー用紙に「青焼き」するのは比較的簡単な作業でした．野口先生のもとには世界各地の位相幾何学者達から，最先端の研究論文のコピーが送られてきていて，その中から先生が重要と見なした論文をメンバーが分担して講読していました．3 年次以上のセミナー出席者全員が必ず話すのが義務でした．先輩の講読の際の先生の質問や指導から，どのように講読すべきかを学びました．2 年の後半に野口先生から 3 年になったら，小生はプリンストン大学の数学叢書の Steenrod 著『Topology of Fibre Bundles』を読むことになるから，その第 1 章を準備しておきなさいとの指示がありました．

当時，都内数学科学生集合，略して，「都数集」というのがあり，U 先輩にその会合に連れて行って頂きました．都内の数学科の学生が大学や学年にこだわることなく自由に参加し，情報交換をすることが可能であり，時には，高名な数学者の講演を聞くことも出来ました．とりわけ，神田の古本屋の情報は貴重でした．洋書は高価で『Topology of Fibre Bundles』も専門店の丸善で買えば 3,000 円を超えていたと記憶しますが，手垢もつかずほとんど新本と見間違う古本が，神保町の古本屋「四方堂」の店頭では 1,800 円で入手出来ました．また，東大の学生さんから「数学書を読む時には理解できない部分は，そのうち分かる時が来るまで，それはそういうものとして受け止めておき，とにかく先に読み進むことが大事だ」とのさる東大教授の話も伝え聞きました．そうした助言のお陰で，Steenrod の本

も手に入れ，一応，講読の始まる前に第 1 章を読み切りました．専用の大学ノートに，分からない部分は無理せずにそのまま日本語訳し，分かった部分は視覚に訴えるために自分で工夫した図を挿入しました．

5　Bing 流研究者育成法

　3 年生になり，いよいよ小生の講読が始まりました．最初の講読後，野口先生から命題が解ったかどうかはともかくとして命題の条件と結論を明確に述べ，その条件から結論がどのように導かれるかのポイントを述べなさいとの助言を頂きました．2, 3 回目の講読終了後，次の講読論文は R. Thom のフィールズ賞論文 (フランス語)「Quelques propriétés globales des variétés différentiables」であり，「コピー原版はうちでは作らないので，東北大学の内田伏一さんに青焼きコピーを送って下さいとお願いしなさい」と告げられました．

　早速，お願いの手紙を書きました．見ず知らずの方に一方的にお願いしたわけですから，実際に送って頂けるかどうか不安でした．しかし驚くべきことに，依頼の手紙を書いて一週間足らずでコピーが送られてきたのでした．幸い，高等学院の第 2 外国語がフランス語だったので，その応用のつもりで読み始めました．分からない用語は既に数学科入学記念に入手した岩波書店刊『数学辞典』(初版本，1,200 円) で項目毎に見開き，さらに，その項目の理解に必要な項目を追いかけながら数学辞典で数学の勉強をしました．『数学辞典』からの項目遡 (さかのぼり) 法は論文遡り追跡法へと進化します．

　普通，論文には主定理があり，その証明が書かれています．主定理の証明の鍵となる命題—鍵命題—は補題あるいは定理の形で定式化されていて，その証明がポイントとなるのです．鍵命題では先人の諸定理やそれらの証明を著者独自の視点から解釈し直し，新しい結果—主定理—の証明に到達できたわけです．極端に言えば，鍵命題の証明と先人の結果とのギャップが論文の著者の独創性，したがって，その論文の存在意義の根拠であって，そのポイントが見出せれば論文は分かったと言えます．泳ぎを教えるには，大海に放り出せという喩えのある通り，基本的に肺に空気を溜めておけば身体は浮くものということを知ってさえすれば，後は本能的に泳げるようになります．それと同じように，新分野の研究を体当たりで，論文遡り法 (参考文献追跡法) を頼りにして最先端研究の理解を深めさせて行

くのが野口先生のいう Bing 式研究者育成法だったのでしょう．こうして，Thom の論文の幾何的部分の鍵定理は横断正則定理で，この定理が微分可能写像の正則値の逆像が部分多様体になるというホップの定理を部分多様体への横断正則写像に大域化したものであるとの理解に到達できたのでした．そこまでが当時の小生の力の限界でした．残りの代数的位相幾何学の部分については先生の指示通りに，諸命題の条件を述べ，誰々の結果からこういう結論が得られるとの報告に留まりました．そうした中で，「ジルバーの定理により…」と述べた時，すかさず，先生から，「マンボウの定理なんていうのはないのかね？」と質問され，かつて U 先輩と同学年の小林一章先輩に，「野口先生てどんな方ですか？」と尋ねると，「野口組の親分という感じの怖い人です」と答えられたのに反して，意外にユーモアのある先生だと感じるようになりました．

6 黄金の沈黙

その後，Milnor の PL micro-bundle の理論が登場し，それまで，組み合わせ位相幾何学とよばれていた分野も PL 位相幾何学とよばれる時代になり，我が国でも PL 位相幾何学がようやく流行りだしました．Cambridge 大学での研究集会では Milnor による位相幾何学の 7 つの問題が提唱され，その 1 つの問題「局所平坦な PL 部分多様体は法 micro-bundle をもつか？」こそ自分が取り組むべき問題と感じ，今後，この問題に挑戦したいとの希望を述べました．先生は大体どうすればよいかの基本的考え方を教示され，その考えを小生の講読の折りに話すことになりました．初めの方は，先生から教えられた通りに話しました．しかし途中から，「どうして？」「どうしてそうなるの？」といった問い詰めが繰り返されるようになり，ついには返答が出来なくなり，自分のもどかしさ，無力さ，恥ずかしさに，言葉が出なくなり完全に打ちのめされてしまい長い沈黙が続きました．零から出直さなくてはとの反省の念が反芻され，その沈黙が何十分も続いたと感じられました．結局，あえなく，ノックダウンしたのでした．それから数日後，この原稿は君の仕事のために役立つかもしれないといって，丁寧なブロック体で書かれた手書きの英文の論文原稿を手渡されました．そこには，まさに小生の答えるべき数学の内容が記されていたのでした．そして，現実の問題解決に対処するための論文執筆法を学ぶためにも組み合わせ位相幾何学の基礎を零から学ばなけ

ればと再確認したのです．新研究分野の源流への回帰は，先輩達の経験を踏まえた基礎論文集の原版が1セット揃っていて，論文遡り法でなく，教科書を読むように楽にできました．そして，その応用として平坦球面対，球体対のPL同形写像の同位分類についての一結果に到達できのでした．後に，先生の論文が英国の論文雑誌「Topology」に掲載され，その中に小生の結果が載せられ，その証明が小生によりなされたと明記されているのを見て，一応国際的仕事に到達出来たと喜びました．思えば，あの長い沈黙は，小生にとってはプロの研究者に脱皮するためのありがたい「黄金の沈黙」による指導だったのです．

型破りの数学者
V. F. R. Jones

河東泰之

1　フィールズ賞授賞式

　1990年夏，4年に一度の国際数学者会議 (ICM) が京都で開かれた．フィールズ賞が授与される会議でもある．森重文氏がフィールズ賞を取ると言われていたため，マスコミの取材も多く大きな盛り上がりを見せていた．

　8月21日の朝，国立京都国際会館で開かれるフィールズ賞授賞式の会場で，私はヴォーン・ジョーンズ (Vaughan F. R. Jones) に出会った．彼がフィールズ賞を取るということは，当日まで秘密のはずだったが，関係者はみな知っていた．

　どういう格好で来るのだろう，と思っていたところ，なんとネクタイをしていなかった．これで授賞式にでるのかと少し驚いたが，彼はそのすぐ後にネクタイを出して締めていた．そして授賞式が終わるとすぐに，まったく窮屈だったという感じで，ネクタイはまた外してしまった．いかにも彼らしい態度だと思った．会場でフィールズ賞の金メダルを私にも見せてくれた．中央の厚みに比べ周辺が薄く，どら焼きのような形だと思ったことを覚えている．

　この直後に京都で開かれたフィールズ賞受賞記念パーティーでは，半ズボン，TシャツにゴムǱ履でこの金メダルを投げて遊んでいたし，ICMでの1時間講演では半ズボンにラグビーのシャツの格好で現れた．これが彼の典型的な態度であり，まったく型破りな数学者である．

写真 1　フィールズ賞のメダルを手に (ICM90 にて)

2　経歴と業績について

　まず，経歴と業績について簡単な紹介から始めよう．ジョーンズは 1952 年の大みそかに，ニュージーランドで生まれた．ファーストネームの Vaughan は，しばしばヴォーガンと誤って発音され，フィールズ賞授賞式で一人ずつ名前を読み上げる際も間違っていたが，ヴォーンが正しい発音である．ニュージーランドのオークランド大学を卒業した後，大学院はジュネーブに留学した．

　ニュージーランド時代に少し作用素環に触れていて興味があり，また物理学にも大きな興味があったため，数理物理学の先生につく予定だったとのことであるが，その先生はなんと彼がジュネーブ到着の直後に死んでしまった．そこで，ヘーフリーガー (Haefliger) の学生として博士号を取ることになった．ヘーフリーガーはトポロジーの葉層理論で有名な人で，作用素環の専門ではまったくないが，とにかくそこで作用素環論の研究をしていたのである．のちに結び目の位相不変量の研究で有名になったのも，何かこのときのトポロジーとの関係が影響しているようにも感じられる．

　院生時代に，コンヌ (Connes) の講演を聞いて感動し，その路線の研究をしようと思ったとのことである．コンヌはジョーンズと 5 歳しか違わず，当時まだフィールズ賞は取っていなかったが，すでに決定的な分類理論を完成させていた．博士号取得の後，アメリカのカリフォルニア大学ロサンゼルス校 (UCLA) に就職し，ペンシルバニア大学を経て，1985 年以降カリフォルニア大学バークレー校教授で

ある.

　博士論文とその後の何年かは，作用素環上の群の作用の分類理論を研究していたが，1980 年代初頭に，現在ジョーンズ指数とよばれているものを導入し，部分因子環論を創始した．これだけでも十分偉大な業績であったが，1984 年に結び目のジョーンズ多項式を発見し，多くの数学，数理物理学の分野に革命的な変革をもたらした．この業績により，上に書いた通り，1990 年にフィールズ賞を受賞した．

3　私の留学時代

　さて次に，私との関係について書いてみたい．私は 1984 年，東大数学科の 4 年生の時に小松彦三郎先生のセミナーで作用素環論の勉強を始めた．当時東大には作用素環論の専門家はいなかったが，トポロジーの服部晶夫先生のところに，アティヤ・シンガーの指数理論などとの関係で作用素環論に興味を持つ人たちがいた．そのせいもあって私も，作用素環と K-理論との関係などに当時興味を持っていた．そのころ服部先生のセミナーで，ジョーンズ多項式のプレプリントが回ってきて，作用素環を用いて結び目の新しい多項式不変量が作られたそうだ，という話を聞いた．それが私がジョーンズの名前に触れた最初である．当時はもちろん，電子メールはまったく一般的ではなく，プレプリント・サーバーもなかったので，タイプしたもののコピーが郵便で送られて来たのである．結び目の絵が手書きのコピーだったことを覚えている．

　その秋になって，小松先生からアメリカの大学院への留学を勧められ，多くの人に問い合わせの手紙を出した．これももちろん，エアメールで出したのである．上に書いたように，当時私は K-理論関係のことに興味があったので，ジョーンズは分野が違うと思っていたのだが，9 月に東大で開かれた日本数学会の際に，荒木不二洋先生から，ジョーンズはたいへんよい，と勧められたこともあり，彼にも手紙を書いてみた．この年は，バークレーの研究所 (Mathematical Sciences Research Institute) で作用素環のプログラムが開かれており，彼もそこにいたのだが，次の年自分がどの大学に行くか未定であることと，自分のやっていることは K-理論とはあまり関係ないことを丁寧に説明した返事をくれたのであった．彼は結局その直後にカリフォルニア大学バークレー校に移った．

　私の留学は，UCLA の竹崎正道先生のところに行くことになり，1985 年の夏

に出発した．UCLA のあるロサンゼルスと，サンフランシスコ郊外のバークレーは，東京・大阪間の距離くらい離れている．当時は，年に一度週末に作用素環関係の合同セミナーが行われており，私もみんなについて初めてバークレーに行った．ここでジョーンズが講演し，私は初めて本人に会った．私は，大学院 1 年目の学生であり，研究しようと思っていたことも彼の専門とまったく違っていたのだが，気さくに話してくれた．今考えてみると，当時 33 歳だったはずなので若かったのではあるが，すでに革命的な業績を上げた超大物とみなされていたのに，まったく形式ばったところのない人だということが強く印象に残った．

　その後，部分因子環論の重要人物であるオクニアーヌ (Ocneanu) の講演を 1987 年に聞き，もう一人の重要人物であるポパ (Popa) が独裁体制のルーマニアを脱出して 1988 年に UCLA に移ってきたこともあり，私も部分因子環論に興味を持って勉強するようになった．私の博士論文は，作用素環上の群の作用の分類についてのもので，ジョーンズがもともとやっていた路線のテーマになった．この研究で私は 1989 年に UCLA の Ph. D. を取り，帰国して東大の助手になった．

4　1990 年の ICM

　ジョーンズが 1990 年のフィールズ賞の有力候補だということは 1980 年代後半に何度も聞いていた．彼の評判は高まる一方で，1990 年の前半には，確実だ，という感触が強まっていた．この ICM で 1 時間講演を行うことは正式に発表さ

写真 2　ICM90 での特別講演

れていたので，彼が来日することは確定していた．当時京大数理研にいた荒木不二洋先生が中心となって日程を手配しており，3ヶ月くらい日本各地を回ることになっていた．

東大でも講演を入れるようにという話が私のところにあって，談話会での講演をしてもらうことになった (あとで聞いた話だが，荒木先生は ICM の責任者の一人として，ジョーンズにフィールズ賞決定の通知を直接手渡していたのであった)．その結果，談話会を 1990 年 7 月 24 日，当時東大数学科のあった理学部 5 号館 109 号室で行った．この部屋は 100 人くらいの収容能力がありかなり広い．以前にフィールズ賞受賞者のアティヤやシュヴァルツが談話会を行った時も満員にはならなかったが，ジョーンズの時は立ち見の人まで出るという盛況ぶりであった．ジョーンズはかなり複雑な結び目の図をすらすらと黒板に描いたが，それはでたらめな結び目ではなく，ある特定の条件を備えた結び目の図であった．

講演の後，部屋に行くと，黒板にその結び目の図がいくつも描いてあり，すらすら描けるように練習していたことが分かった．そのとき，部分因子環論について，いろいろと議論もしてくれた．この東京滞在では，彼が家族連れで日光に行ったこと，奥さんが 3 人の子供を東京ディズニーランドに連れていったことなどを覚えている (奥さんはジュネーブ留学時代に知り合ったアメリカ人である)．

フィールズ賞授賞式は上に書いたとおりだが，その後，天皇との会見もあったそうである．京都では，フィールズ賞受賞記念パーティーが大々的に開かれ，多くの出席者があった．その際，「私の二人の先生である，ヘーフリーガーとコンヌに乾杯」とあいさつしていた．親戚も大挙してニュージーランドから来ていたそうである．フィールズ賞は本人には数か月前に通知されるのだが，秘密なので，親戚に自分がフィールズ賞だということを言わずに日本に来てもらうのは大変だったと言っていた．

5　ジョーンズの研究の内容について

この辺で少し，ジョーンズの研究内容について簡単に説明しておこう．作用素環とは，ヒルベルト空間の上の有界線形作用素 (だいたい行列のサイズを無限大にしたものである) のなす集合でたちのよいもののことである．もともとフォン・ノイマンが 20 世紀前半に導入した当初から数理物理学と密接な関係が期待されていた．

ジョーンズは，作用素環の中に部分作用素環が含まれている時，相対的なサイズの比をはかるものとしてジョーンズ指数を導入した．ここで考えている作用素環は因子環とよばれるものなので，因子環とその部分環を考えることから，部分因子環 (subfactor) 論という名前がついている．この定義自体は，マレーとフォン・ノイマンの導入した，カップリング・コンスタントというものを使うだけでただちにできるので，これだけではたいしたことはない．実際，当時の大物の中には，この定義を見て，大昔から分かっていることに過ぎない，という感想を持った人も少なくなかったようである．

しかしジョーンズは，このジョーンズ指数の取りうる値について驚くべき事実を発見した．この指数は，群と部分群の指数の類似と考えられるので，整数値を取りうることはまったく期待通りである．一方，カップリング・コンスタントの理論からは任意の実数値を取ってもおかしくないようにも思われる．これについてジョーンズが発見したことは，4 以上の実数値はすべて実際に取りうること，4 未満の値については，

$$\left\{ 4\cos^2\left(\frac{\pi}{n}\right) \mid n = 3, 4, 5, \ldots \right\}$$

が取りうる値の集合であることであった．この論文は 1982 年に書かれているが，見事なアイディアに満ちていてじつにすばらしい．彼はこのとき 29 歳，短い期間にすべての基本的なアイディアを一人で考えだしていることは今から見ても本当に驚異的である．

これだけでも，すでに歴史に残る偉大な業績だが，本当の驚きはさらにその後にやってきた．部分因子環論において，ジョーンズ射影とよばれる作用素の列を彼は構成したのだが，それを用いて，3 次元空間の中の結び目の新しい多項式不変量を発見したのである．これが現在ジョーンズ多項式とよばれているものである．ジョーンズ射影の関係式が，トポロジーの組紐群の関係式とよく似ている，という観察が元になっている．

無限次元の作用素環論が，3 次元のトポロジーにおいて新しい強力な結果をもたらすとは，まったくすべての人の予想を超える真に意外な業績であった．ジョーンズ射影の関係式は，統計力学，量子群，岩堀ヘッケ代数などとも類似性を持つこともすぐに指摘され，今日につながる大きな潮流を作り出した．一つの論文がまったく新しい分野を作り出したという点において，現代数学全体でもなかなか

これに匹敵する例を見つけることは難しい．

ジョーンズの博士論文はコンヌの始めた路線での高度に技術的な結果であり，優れた技術であることは明らかだが，かけはなれた独創性が見られるわけではない．このすぐ後に，いくつかこの路線での論文があり，今でも引用される重要な結果ではある．これらに比べ，部分因子環論とジョーンズ多項式での独創性はきわだっている．後から見ると，多くの関連分野でジョーンズ理論に近いところまで行っていた人は何人もいたのだが，みな，肝心のところであと一歩を進めることが出来なかったのである．ジョーンズ指数の理論とジョーンズ多項式の理論は別々の人が発見していても何もおかしくなかったのであるが，実際には彼が一人でこれらを発見した．私がこれらの理論にかかわったのは，その発見より少し後であるが，それでも多くの革命的な進展を間近に見られたのはすばらしいことであった．

6　私のポスドク時代

さてまた，私との関係に戻ろう．ジョーンズのいるカリフォルニア大学バークレー校にはミラーという人の寄付に基づいて作られたミラー研究所というものがあり，基礎科学全分野から若手を毎年10人弱ポスドク研究員として採用している．私はこれに採用されて1991年にバークレーに行くことになった．受け入れ責任者はもちろんジョーンズである．私の博士論文がジョーンズのもともとの研究路線のものであったこと，1990年にオクニアーヌの東大での講演を聞いたことによって，私のテーマがジョーンズ路線の方にシフトしていたことによるものだと思う．

私の妻は当時も今も企業の研究所に勤めているのだが，この時はバークレーについて行って，1年間電気工学科においてもらった．企業の人がアメリカの大学においてもらう際にはかなりの額の研究費を持っていくのが常識となっており，東大工学部の先生からは，ただでおいてもらうなんてとても無理だ，と言われたが，これもジョーンズの口利きで，ただで受け入れてもよいという先生を電気工学科で見つけることができた．

バークレー滞在は東大側の都合により，2年の任期が1年になってしまったが，ジョーンズのもとで1年間過ごせたのはたいへんよい経験だった（ミラー研究所のポスドクの任期は現在では3年になっている）．アメリカの若手のポストは，ポスドクとよばれていても，ほとんどすべての場合かなりの授業負担がついている．ア

メリカでは授業経験は大変重視されており，授業をちゃんとしていないと次のポストにも影響するので，しかたがない点もあるのだが，若手研究者にとっては，なかなかたいへんである．この点，ミラー研究所のポスドクは，大変よい身分である．ポアンカレ予想の解決と，フィールズ賞および100万ドルの拒否で世界的注目を集めたペレルマンも，私の2年後に，このミラー研究所のポスドクになっている．

当時ジョーンズのセミナーには多くの院生とポスドクがおり，毎週のセミナーも大変活発であった．当時，院生とポスドクの国籍は，日本，中国，ドイツ，フランスなど，セミナーで周りを見渡してアメリカ人はいないなあ，と言っていたことも思い出す (ジョーンズは現在はアメリカ国籍も持っているが，当時はニュージーランド国籍だけであった)．セミナーの後は，毎週キャンパス北側のピザ屋で，ピザとビールを飲み食いする習慣であった．ジョーンズ自身がまだ30代だったので，みな若く，非常にインフォーマルな雰囲気で生き生きした日々であった．

ジョーンズのセミナーで私が，デンマークのホーエルップ (Haagerup) の最新の成果をデンマークで聞いてきて発表し，私とエヴァンスとの共同研究の成果を発表した．するとジョーンズの学生であったシュー (Xu) がその結果の拡張を発見したこと，私が不思議に思った例についてジョーンズに相談したら，すぐにそれは自分の昔の論文と関係がある，と教えてくれてそれが私の次の論文になったことなどを思い出す．また，クリスマス前のセミナーで，「お前にクリスマスプレゼントがあるぞ」と言って，レフェリー用論文を渡されたこともあった．

その後，バークレーの研究所 MSRI では 2000～2001 年に作用素環のプログラムがあり，もう一度バークレーに長期滞在することができ，たいへんよかった．この際もジョーンズには大いに世話になった．

7 現在の活躍

この十数年は，ジョーンズは部分因子環論をあつかうための独自の理論，平面代数 (planar algebra) の研究に専念している．これは彼自身が独自に導入したもので，当初他の流儀に比べて扱いにくいという意見もあったが，最近この流儀で十数年来の未解決問題が解かれるなど新たな進展を見せている．ごく最近の研究は，ジョーンズとその学生を中心に大きな展開を見せており，これからの発展が楽しみである．

ジョーンズは最近では一般向けの講演を頼まれることも多い．私が聞いたのは2008 年のウィーンと 2009 年のローマでのものであるが，どちらもサービス精神にあふれ，冗談や興味深い写真がたくさん入ったものであった．英語で冗談をたくさん入れると，一般の人には通じにくいのが難しい．中国でやった時はあまり受けなかった，とも言っていたが，それでもどんどん冗談を入れていた．ローマでやった時は，かなり長めのあいさつをイタリア語で準備してきて，多くの拍手を受けていた．彼はフランス語圏のジュネーブに留学していた関係で，フランス語はかなりうまく話せる．フランス語を知っていると，イタリア語文法はすぐわかるので，あとはイタリア人学生にテープに吹き込んでもらって，発音の練習をしたのだ，と言っていた．パソコンの写真に猫の写真を重ねたものを出して，シュレーディンガーの猫と掛けて，「これが量子コンピュータだ」という冗談も何回か聞いた．ウィーンのシュレーディンガー研究所でやった時が一番受けた，と言っていた．

　ジョーンズは何度か日本に来ているが，最近では 2009 年 1 月に久しぶりに来日した．東大数理の Global COE プログラムのオープニング・シンポジウムで私がよんだのである．一般数学者向けの 1 時間講演 2 回を達者にこなし，多くの聴衆を集めた．また東大数理のビデオ・ゲストブックという企画で，私が数学の勉強法，若い人へのアドバイスなどについてインタビューを行った．そのビデオはインターネット上で公開されており，アドレスは次のとおりである．

```
http://www.ms.u-tokyo.ac.jp/video/vgbook/2008/vg090131_jones_s.ram
```

　この中で若者向けのアドバイスとして，テーマを決めたら深く集中することと，興味を幅広く持って広い分野の勉強をすることはなかなか両立しないが，ともに重要だ，という話をしている．コンヌ路線の高度な技術で出発したことと，多くの分野を予想外の形で結びつけたジョーンズ多項式を発見した体験に基づいているのであろう．興味のある方はぜひビデオを見ていただくとよいと思う．

愛すべき数学者
Raymond Gérard

河野實彦

1　奇人，変人，数学者

「奇人，変人，数学者」とは世間の俗説，通説であるらしく，「数学を研究しています」というと，大方の人は一歩下がって，必ず「高校 1 年生 (加減乗除) までは，数学は好きだったんですが，微分積分 (極限の概念) になったらさっぱり……」と仰りながら，何か訝しそうにこちらを眺める．そこで，「その微分積分の微分方程式を研究していまして」と追い討ちをかけるわけにもいかず，こちらも黙ってしまい，会話もそこで終わってしまう．とかく，数学者に限らず学者は研究以外のことには関心が無いために，社会常識を欠いていたり，自己中心的であったりするのであるが，特に，数学者は"研究の思考期"に入ると周りに人を寄せ付けない異様な雰囲気を醸し出すため，奇人，変人扱いをされるのかもしれない．

私の出会った数学者は，この標語とはまったく無縁の人達で，福原満州男先生はじめ，木村俊房教授，渋谷泰隆教授，大久保謙二郎教授などの諸先輩や D. Lutz 教授 (米・サンディエゴ大学)，B.L.J. Braaksma 教授 (蘭・グローニンゲン大学)，W. Balser 教授 (独・ウルム大学) などの親友達は人情味溢れる，優しい性格の方々ばかりである．

ここでお話しするのは，私の最も敬愛する親友であり，実に愛すべき人となりの数学者レイモン・ジェラール (Raymond Gérard, ストラスブール大学教授，IRMA (高等数学研究所) 所長) のことである．

写真 1 谷口シンポジウム数学第 1 部門 堅田求是荘 1987 年 8 月 17 日～22 日 前列中央は木村教授夫妻，左に Gérard 教授，右に Malgrange 教授，その右は Ramis ストラスブール教授 (当時) 夫妻，後列左に Lutz 教授夫妻，右に Balser 教授夫妻．

2　レイモンとの出会い

　レイモン・ジェラール教授に初めて会ったのは，木村俊房教授が彼を日本に招いて，数理解析研究所で研究集会を開いたときである．1977 年だったかと思うが，当時赴任先の広島大学にも御一家で来て頂いた．奥様のルーシー (Lucie) さんは物理と化学を教えるリセ (Lycée) の先生であるし，2 人のお子様は，後に L'École Polytechnique に進み，長男の Christian は数学者に，妹の Anne は物理を専攻する研究者になり，まさに学者一家である．

　藤原松三郎，高木貞治東大教授はじめ多くの先達もストラスブール大学において研究した歴史もあるが，レイモン・ジェラール教授の初来日を機に，ストラスブール大学と日本数学界との交流が大変活発に行われるようになった．彼は，多くの若手数学者をブルシィエ (フランス政府給費生) として引き受け，指導し，い

写真 2　谷口シンポジウムでのひとこま (1987 年 8 月)
Gérard 教授を囲んで談笑のひととき
後方で立っているのは木村教授.

ろいろ面倒をみたうえに，多数の日本の数学者を客員教授として次々とストラスブールに招いた．特に，1985 年にはストラスブールでの「複素領域における微分方程式」に関する日仏研究集会を主催し，そして 2 年後の堅田における谷口シンポジウム「微分方程式の複素解析的理論」では積極的に協賛するなど，彼の日本数学界への貢献は非常に大きい．

いつぞや，彼はこんな話をしてくれた：自分のカバンには招待したいたくさんの人達の履歴や業績などの資料を揃えて入れてあって，いつも持ち歩いている．人事がもめて，相手側が推薦する人物についての説明が曖昧になったり，不十分だったりすると，さっと，こちらの人物の資料を提出する．そうすれば，大抵すぐに決まってしまうと．

私は 1979 年に初めて CNRS 客員研究員として招聘されてから，CNRS 客員研究員としてもう 1 回，客員教授として 3 回，その他で都合 7 回 ストラスブール大学のお世話になった．レイモン・ジェラール教授も，87 年の谷口シンポジウム以降も数度来日して，熊本，博多，東京に滞在している．

ストラスブールの南，車で小一時間の Forêt-Noire (黒い森, ライン川を挟んで対岸のドイツ側はシュヴァルツヴァルトという) の山中にある小村ブランシュルー

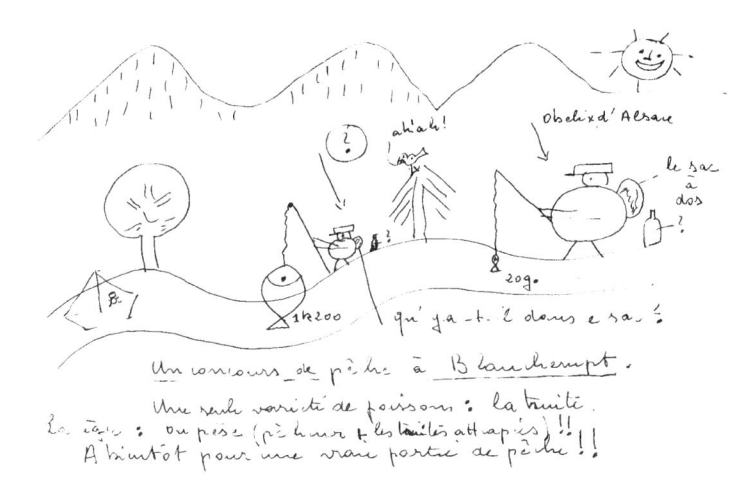

図 1　ジェラールが描いた絵

Obélix d'Alsace (私がつけたレイモンのニックネーム) からの「ブランシュルー釣り大会」への挑戦状.
ルール: (釣り人+釣ったマス) の総重量.
お前が 1.2 kg のマスを釣り，俺が 20 g のマスしか釣れなくても俺の勝ち!

(Blancherupt) に彼の別荘 (本宅!) がある．ジェラール教授を訪ねた数学者は必ずここへ招かれるのである．ブランシュルーは日仏交流の中心地と呼ばれているとか．私もストラスブールよりブランシュルーで暮らした方が長いかもしれない．そこで，リンゴジュース作り，徹夜の Eau de vie (果実で作る強度数の蒸留酒) 作り，アルザス料理，草刈り，畑作など多くを体験させられた．Vous が tutoyer に変わり，共に笑い合い，小さい喧嘩も幾度かした長いつきあいの中で，私はレイモンの人間性に深く触れた．優しさと豊かな情感を持ち合わせた人間として，数学者としてと同様に，レイモン・ジャラール教授を大変敬愛するのである．

3　2人だけの国際釣り大会

いつの時点だったからかは忘れてしまったが，共に釣り好きであることがわかると，暇を見つけては釣りに行くようになった．ストラスブールでは，北に 50 km くらいのところある Munchhausen 村のライン川沿いの湖，と言うよりは森で囲

写真3　ストラスブールでの釣り じっとアタリを待つ (Munchhausen 湖にて).

写真4　釣った魚を二人で調理中

写真5　汚れた手を顔に!!

まれた広大な沼と言ったほうが良いかもしれないが，自然美溢れ，白鳥も飛来する美しい湧水沼が主な釣場だった．そこに，レイモンは川舟を置いているので，釣り道具一式，そしてワインと生ハム，ソーセージ，バゲットなどの食料をしこたま船に積み込んで，沼の奥まったところで"カカリ釣り"をするのが常で，コマセを撒いて，asticot(蝿の蛆虫)を餌にして釣るのである．

そして，いつの頃からか，互いに釣果や魚の大きさを競い合うようになり，Le match international de pêche と称して，釣りが"敵愾心丸出しの戦い"となった．彼が釣ると，こちらは自然とイヤーな顔になるし，こちらが釣ってハシャグと彼はギョロッと睨んでから背を向ける．コマセ作りも互いに秘密で，彼のそれはカシス酒の良い香りがしたし，私は魚卵をすり潰し漉して，その油を混ぜ合わしたりした．

ある日，レイモンは小用のため船から立ち上がるや見事なダイビング姿勢をとって，ザブゥーンと沼に飛び込んだ．水面から顔を出すやいなや，「お前が落とした！落としたあぁー」と怒鳴りまくった．そして，帰宅するやルーシーに「ミツヒコに落とされた!!」と告げ口したが，「大の親友がそんなことをする筈が無いじゃない」と窘められていた．実は，彼が立ち上がって，小用のその瞬間，船べりに置いた私の手に少し力が入ったような気もしたが，そのことは絶対に口に出さず，スローモーションのようなあの巨体のダイビングを思い出しては含み笑いを繰り返したのだった．

熊本では，早朝5時の出船に間に合わすために，前夜の深酒でガンガンする頭で運転して，レイモンが話しかけると「黙ってテー」と言いながら，車を飛ばして天草に通った．鯛狙いの船釣りであったが，いつも坊主に近かった．レイモンには，せめて 3, 4 kg の鯛を釣らせてやりたかったが…

ところで，あるとき，ブランシュルー村を含む Rothau 地区の A.A.P.P.(漁と水環境保全協会)の鱒の放流行事に参加したことがあった．集まった協会員は各自持参のバケツに稚魚を入れてもらい，指定された山中の小さな溝のような川に流すのである．しかし，多量の稚魚をバケツに移すと，エアポンプ無しではただちにして酸欠を起こしてしまう．私達も猛スピードで指定の場所に運んだが，着いたときには，ほとんどの稚魚は浮き上がっていた．この失敗は，レイモンには大変なショックだったらしく，長らく涙を流して塞ぎ込んでいた．

4 弁護士のスガンさんのこと

　羊飼いの Seguin さんと同じ名前の裕福な弁護士のスガンさんは，レイモン家の下隣の敷地にある農家を別荘にしていて，週末毎にブランシュルーにやって来ていた．朝から草刈機の音が聞こえてくると，スガンさんが来たことが判る．そこで，昼食後の 3 時位になるとルーシー手作りのタルトとワインを持って，スガンさんの庭に行き，陽が翳るまでおしゃべりを楽しむのである．スガンさんの奥さんはいつも一人娘の教育のことをルーシーに相談していた．とても深刻な話のようであった．ある週日，レイモンが「今日はうまい酒を飲みに行こう」というので，何かと思いきや，留守中のスガンさん宅に忍び込んで，cave (酒蔵) 荒しをするのである．ウィスキーを飲んで，戦利品としてビールとワインを持ち帰った．スガンさんはイギリス好きなのか，英国車に，酒はウィスキーが好みである．スガンさんに英国の高級車でストラスブールまで送ってもらったこともあったし，当時，私がフランス製ナイフ Laguiole を集めているのを知ったスガンさんから，少年時代の貴重な思い出の品であるボーイスカウトで使用したナイフまでプレゼントしてくれたこともあった．

　ところがである．こんなに親しくしていた仲だったのに，次にブランシュルーを訪れたとき，レイモンから「スガンさんとは絶対に口をきくな！」と注意される．草刈機の音が聞こえても，会いに行くことも，声をかけることもできない．あれから私の留守の間に一体何があったのか判らないが，正に子供の喧嘩の様相であった．スガンさんのナイフを見るたびに，あの時の 2 人の喧嘩を思い出し，レイモンの方に加担したことを悔いるのである．

5 大きな誤算

　親友のエッセン大学 D. Schmidt 教授の助手 S 氏は教授資格を取得した後も，長らく職がなく，ドイツでの就職はとても無理なので，本人もカナダに行く決心をしていた．

　1992 年客員教授として IRMA に滞在中のある日，レイモンが疲れ果てた様子で会議から戻って来て，「うまくいった」と一言いった．相当もめたことは察せられたが，何とか S 氏を教授として採用することにこぎつけたらしい．レイモンは，

その時点ではその人事が最善の選択と考えていたかも知れなかった.

　しかし, 5年後の1997年, レイモンの退官直前に招聘されてストラスブールに行ったとき, S教授とレイモンの間は完全に冷戦状態であった. 私達夫婦は2ヶ月間, ストラスブールではなく, ブランシュリューで暮らした. S教授からの電話に「河野は私が招聘したので, こちらで共同研究をする. 今, 研究で忙しいので, 大学での講演もさせない.」と怒鳴っていた. 冷戦の原因は定かではない.

　S教授がストラスブールに赴任するなり, レイモンが大変嫌っていた「超準解析」の分野にどっぷり浸かってしまったことが気に入らなかったのか, 「親の心子知らず」で, 自分の後継として考えていたのに思い通りにならなかったのか, レイモンは何も言わず, こちらも詮索しなかったが, 私はこうなることを予期していたように彼の気持ちを十分に理解できた.

　そして7月退官の日, 久しぶりに2人でIRMAの研究室に行った. 彼は机の上の未開封の手紙類や送られて来た別刷の束をすべてダストシュートに放り込んだ. 次に, 自宅のアパートに帰って, 同じように書斎を片付け始めた. 思いもかけない行動であった. これまで, 学者として営々と築き上げてきたしがらみを一気に断ち切ろうとするかのようであった, 私はその潔さに何かしら感動してしまった.

　レイモンもルーシーも涙もろいので, 帰国の時はいつもいつもつらい別れになる. 黙りこくって, 暗い顔をした彼に「私の退官後は毎日釣りに行こうぜ!」と固く約束させて,「近々また来るから!」とストラスブール空港で別れたのが本当の別れになってしまった. そして, 2000年の1月5日, 約束を破って彼は先に逝ってしまった.

　その当時, 日本では学問の世界にも"効率"を求める雰囲気が醸成され, 大学のあり方や評価方法が盛んに議論され, そのうち国立大学の法人化への道にはまり込んで行った. 地方大学では基礎科学の府である理学部の存続すら危うくなりつつあり, 研究者は誰でもこうした不毛な議論から逃れることは出来なかったのである.

　97年以降一度もストラスブールに行けず, 悶々とした日々を送っていたのを見るに見かねたのか, 畏友菊池紀夫君(慶応大学教授)がプラハへの出張を全て設定して連れ出してくれた. 2004年, やっとブランシュルー村の小さな教会の庭に眠るレイモンと酒を酌み交わすことが出来たのである.

　ところで, 東日本大震災の直後, 八戸が故郷の菊池君に電話をしたら, 地震の件はさておき, Navier–Stokes方程式の話を滔滔とまくしたてられた. 福原ゼミ

の同級生ながら，彼とは研究分野の違いで，いつも言い争ってきた．彼は我々の「複素領域における微分方程式の研究」を'花魁の数学'と酷評し，彼の研究分野の「実領域の非線形数学」こそが'いぶし銀の美女'の如き数学であり，解析の本流であると主張して憚らないのである．彼の最高の思索の場所は飛行機や列車，電車の中で，ポアンカレーばりの"数学上の発見"(『科学と方法』，第一篇，第三章)を期待しているようすである．冒頭，私の周りには奇人，変人はいなかったと書いたが，一人いたのを忘れていた！

最後に Raymond Gérard 教授の代表的な研究を 2 つだけ挙げておく：

- Théorie de Fuchs sur une variété analytique complexe, Journal Math.Pures et Appl.,**47**, 1968.
  (木村教授の目にとまり，福原–木村の微分方程式研究グループとストラスブール学派との交流のきっかけともなった論文の一つ)
- (avec H. Tahara) Singular Nonlinear Partial Differential Equations, Vieweg, 1996.
  (後年，主に研究した非線形偏微分方程式に関する成果のまとめ)

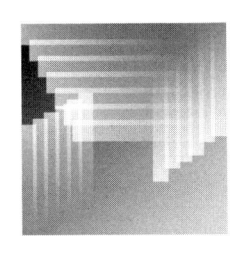

「以後の風景」のなかで，混沌の裏には単純があると学ぶ
Gromov, 砂田利一
小谷元子

1　様々な出会い

　こうして曲がりなりにも好きな数学で食べているのは，何人かの恩師に出会えたから．嫌いだった算数が大好きな数学に変わったのは中学校のときの数学の先生のおかげ．このことはあちこちで書いた．最先端が遠くに見え自信を喪失していた私が，修士課程に入って具体的な問題に触れ，数学の対象を手で触れることができるくらいに実質的なものと感じることができるように指導いただいた江尻典夫先生．そして，なかでも現在熱中している離散幾何解析学へと方向転換するきっかけになった共同研究を行い，新しい数学に目を開いてくださった砂田利一先生．これらの方々との出会いは自分の数学人生にとって決定的なものである．しかし，ここではそのような個人遍歴ではなく，遠くにあって自分の数学哲学にじわじわっと影響を与えてくれた数学者のことを書いてみようと思う．

　2002 年に「幾何学的対象の族に距離構造を導入する新しい方法により数学の多分野においてその飛躍的発展に貢献」により京都賞を，2009 年に「幾何学に革新的な貢献」でアーベル賞を受賞した M. Gromov である [1]．彼の紹介をするときには，よく，大胆な，革命的な，新しい視点・思想などの言葉が使われる．非常に広い数学分野にわたって Gromov 以前と以後では風景が変わったと感じる数学者は多かろう．「出会う」というほどの力量は自分にないが，それでも「以後の風景」のなかで自分なりの価値観を形成しようとここまでもがいてきたのだと思う．

2　修士の頃

あの頃は楽しかったと過去を振り返ることは平常あまりないが，こうやって思い起こしてみると，修士時代に参加した自主ゼミ，通称「Aubin セミナー」は実に楽しかった．幾何学分野を研究テーマとして修士課程に入学した私を，「これからの幾何学には解析が必須だ」と解析系の先輩が誘ってくださった．出版されたばかりの T. Aubin の『Nonlinear analysis on manifolds. Monge–Ampère equations』[2] を読もうという，幾何と解析の院生による自主ゼミであった．都立大学 (以下，所属大学はその当時のもの) の坂口茂氏，東京工業大学の鈴木一郎氏，高桑昇一郎氏，慶応大学の金井雅彦氏などの博士学生が企画し，修士 1 年の宇田川誠一さん，私などが事情も分からないままにメンバーに加わったとおぼろげな印象が残っている．しかし設立の経緯も，誰がメンバーだったのかもよく分からない．じつは，慶応大学の小林治さんが首謀者と長年信じていたのだが，ご本人に聞くと，そうではないとのこと．あの頃は院生の数が少なく，大学や研究分野を超えた先輩–後輩のつながりが随分と密であった．数学の内容もであるが，数学に対する真剣な心構えをしっかりと教わった．

今では幾何の標準的な道具としてすっかり定着した偏微分方程式だが，1982 年に S. T. Yau がフィールズ賞を受賞したことに象徴されるように，1980 年代は様々な問題を解決する夢の道具のような盛り上がり感があった．当時，東京大学の落合卓四郎先生が中心となって，幾何解析学を主題とする「Surveys in Geometry」というシリーズ名のサマースクールが毎夏企画されていた．私が修士に入学した 1983 年は，Jerry Kazdan 氏による，主に山辺の問題を題材とした幾何解析の初歩からの丁寧な集中講義 "Some Applications of Partial Differential Equations to Problems in Geometry" があった．毎晩，講義の終わった後に Aubin セミナーのメンバーで集まって復習会を開いたことを覚えている．それまでは，数学は個人でひっそりと勉強するものと考えていたが，グループでワイワイと議論する楽しさを知った[1]．

---

[1] 余談だが，「Surveys in Geometry」は一端途切れた後，主題を変えて深谷賢治氏主催で再開された．このあたりの事情は『微分幾何学の最先端』(中島啓編) まえがきを参照のこと [3].

写真 1 M. Gromov

3　Gromov との第一遭遇

Aubin セミナーの集まりのなかで，Gromov の『Filling Riemannian manifolds』[4] を読もうという話が持ち上がったのが，Gromov の名前を知った初めではないかと思う．小林治氏か金井雅彦氏が中心に企画されたのではないかと想像するが，Aubin セミナーのメンバーに加え，都立大学の辻元氏がメンバーだったことは覚えている．Filling は難しくて，セミナーは難航した．今回，この記事を書くために数学論文のデータベース Math. Rev. を引いてみた．『Filling Riemannian manifolds』の Yu. Burago によるレビューの最後は "This paper is difficult to read."(この論文は難しい) と締めくくられている．

本物の Gromov を見たのは，第 17 回 谷口シンポジウム「Curvature and topology of Riemannian manifolds」[5] (1985 年，組織委員: 酒井隆，塩濱勝博，砂田利一) に付随する国際会議 "Problems in Riemannian geometry in the large"(組織委員: 村上信吾) においてである．

どこから見ても瑕 (きず) 一つない端正で美しい図形をいかに数学の言葉で表現するかという研究をしてきた私は，図形の少々の歪みなどに左右されない本質を大胆につかみだす Gromov のスケールの大きい幾何学に圧倒された．摩訶不思議な概念を提案するが，荒っぽいようでいてじつに注意深くギリギリの条件が設定されており，議論がうまく進んで衝撃的な結果が生み出される．

講演は論文より一層ワイルドに魅力的で，不思議な特殊光線が出ていた．まだまだ外国人の講演そのものが珍しかった時代で，講演途中の講演者と会場間で丁々発止の議論が盛りあがることに驚き，しかし，そもそも英語がよく分からないという情けない状態ではあった．数学とは人間的なものだと知ったのもこのときである．論理で構成され，いつ何時誰が証明しても正しい数学の結果 (定理) ではあるが，なぜかその定理には，作者の個性が表れる．よい数学をするには，感性を磨かねばと思ったことも記憶している．この時点では，自分の研究テーマとは関わりのない，自分とは縁のない世界にすごい人がいるというような一過性の体験として通りすごしてしまった．

4 砂田利一氏との出会い

しばらくは調和写像を研究していたが，東北大学の砂田利一氏と結晶格子上のランダム・ウォークの幾何学的理解について共同研究を始めたことがきっかけで記号力学系や確率論に興味が広がった．結晶格子とは周期的な離散図形のことで，典型的な例として整数格子，三角格子，六角格子がある．整数格子上のランダム・ウォークの長時間挙動は古典的によく知られているが，整数格子を一般化した結晶格子上で同様の問題を考えることで，幾何的な性質が，どのように反映するのかが見えやすくなる．その時の鍵となるのが，調和写像を使って結晶格子を実現する「標準的実現」という考え方であった．集中講義にいらした砂田氏と話をしたことから，修士以来研究してきた調和写像が思いがけず確率論の問題へと進展した．この出会いは私の人生や数学を大きく変えた．この頃 (1999 年)，JAMI の研究集会 "Minimal Surfaces, Geometric Analysis, and Symplectic Geometry" (K. Fukaya, S. Nishikawa, W. Minicozzi, J. Morava and J. Spruck) に参加して，再び Gromov の特殊光線を浴びた．

アメリカ Johns Hopkins 大学に 1988 年に開設された日米数学研究所 Japan–U. S. Mathematics Institute (JAMI) では，毎年テーマを決めて日本人研究者を招待し研究会を開催している．1999 年の Gromov の講演題目はウェブ [6] で調べてみると "Group actions in the spaces of holomorphic maps and complex subvarieties" とある．冒頭で，横長の黒板の左上に正則写像，右下に記号力学系と書き，その間をつなぐ話をした (のだろうか)．

写真 2 　砂田利一

　もともとの私の専門は正則写像を拡張した調和写像の研究であり，さらにちょうど記号力学系の勉強を始めたばかりだったので，その間の関係には興味一杯で耳をすました．平均次元や平均エントロピーの話だったと思う．以前にも増してますます啓示的で，大切なアイデアを伝えようという意欲にあふれた講演であったが，浅学の私にはよく分かったとは到底言えない．むしろ，懇親会の機会に厚かましくも自分の講演内容を Gromov に話したことが私にとっては大きな事件だった．その場で論文を見せろといわれ，パーティの最中にアドバイスをもらったことは大きな励みになった．

5　Gromov との第二遭遇

　この研究集会の後に東北大学に異動した．東北大学の微分幾何グループは，微分することができない離散群や特異点のある空間の研究者が多く，「最近微分していますか？」という冗談をこめた挨拶がかわされる．このような環境で距離空間，離散群，双曲幾何，力学系などに自然に興味がシフトしてきた．このころは砂田利一氏との共同研究で，結晶格子上のランダム・ウォークの長時間挙動，およびそこから派生した問題に夢中になっており，序々に，幾何学と確率論，力学系の関わりを自分の研究主題と考えるようになった．

　これらの研究の世界的中心であるフランスの国際研究所 Institut des Hautes Etudes Scientifiques (IHES) に 2001 年 4 月～11 月まで滞在した．Gromov はこの研究所の常任教授である．IHES にはお茶の時間がある．定期的なセミナー

のないIHESにおいて人と会う大切な機会である．お茶の時間に現れたGromovに，またまた，厚かましく，JAMIで紹介した結晶格子上のランダム・ウォークの長時間挙動について，グロモフ・ハウスドルフ極限の関係を調べている．本当はこれを負曲率版に定式化したいのだが，これこれの理由で望みがない，と言うと，自分の導入したultra filterを用いた収束が使えるのではないかと言う．それを知らないと答えると，「じゃあ，しょうがないね」と肩をすくめた．

さて，それからお茶の時間がプレッシャーになった．ともかくもらったヒントを基に調べ，なぜそれが自分の問題に関係するのか，それを使ってどのように定式化できるのか，少しでも進展を報告しなくてはいけない．そのようにして8ヶ月を過ごした．ランダム・ウォークの大偏差とグロモフ・ハウスドルフ収束やultra filterを使った空間の収束の関係は，最近，京都大学の田中亮吉さんが見事に定式化され，ベキ零群，自由群，曲面群等の場合に拡張された．

この頃，Gromovは生物学を数学にすることに熱中していたように思う．後10年もすればでき上がってしまってつまらなくなる．今，参加するのがおもしろいのだと熱弁を奮っていた．

6　離散幾何解析学へ

帰国すると，広中平祐氏が理事長を務める数理科学振興会(Japan Association for Mathematical Sciences)から第1回JAMSシンポジウムを離散群・離散幾何関係でやりませんかというお誘いを受けた．おそらく砂田氏が推薦してくれたのではないか．上記にも触れた谷口国際数学シンポジウムとは，1974年より谷口財団数学部門の事業として毎年行われてきた，海外の最先端で活躍する数学者と国内の若手研究者総勢20名弱による泊まり込み形式のクローズドな研究集会とそれに続く公開形式のシンポジウムのことである．同じ興味をもった研究者が顔を突き合わせ議論をすることが，新しいアイデアを生みだすために重要であることを理解し，その場を与えるものであった．日本の数学が世界の主導国の一つとなることに大きく貢献してきた谷口財団数学部門が閉鎖され，1997年の第41回国際数学シンポジウム，および1998年の記念事業"Taniguchi Conference on Mathematics, Nara '98" [7] をもって谷口国際数学シンポジウムは終了した．

終了してしまった谷口シンポジウムの代わりになる国際研究集会シリーズを

同じ主旨で数理科学振興会が引き継ぐという話が 2001 年に持ち上がった．その最初の研究テーマに「離散幾何解析学」を取り上げていただいたのだ．藤原耕二氏，砂田利一氏，浦川肇氏とともに第 1 回 JAMS international conference "Discrete geometric analysis" [8] を開催した．スペクトル幾何，グラフ上のランダム・ウォーク，熱核の評価とその幾何学的意味付け，幾何学的群論など，幾何と確率論の係わりに関する話題を詰め込んだ研究集会であった．この頃から幾何学と確率論の交流が盛んになり，東北大学の塩谷隆さん，熊本大学の桑江一洋さん，筑波大学の石渡聡さんが中心となって毎年開催している "Geometry and Probability" シリーズ (2010 年で第 6 回目) が始まり，また，日本数学会の国際研究集会シリーズ季期研究所 (MSJ-SI, Seasonable Institute of Mathematical Society of Japan) の第 1 回が "Probabilistic approach to Geometry" (組織委員: 小谷元子，新井仁之，熊谷隆，T. Sturm) [9] であった．

　これらの研究集会を組織するうちに，離散幾何解析学を自分の研究テーマと認識し深めていきたいと思うようになった．「離散」という言葉はあまり日常聞かない単語かもしれない．『広辞苑』を引くと「ちりぢりに離れること」と書いてある．数学では離散の対として「連続」という概念がある．連続とはつながっていることだ．離散的な対象そのものを研究することもおもしろいが，私は特に「離散」と「連続」の関係を調べることに関心を持っている．

　例えば，実験のデータをグラフ用紙にプロットするとバラバラと点が並ぶ．これが離散データである．その点をつなぐ曲線を引く．この曲線が離散データから決まる連続な対象であり，離散データに隠れた特性や傾向を明らかにする．日常では，深く考えずに点を線で結ぶが，いったい，この曲線をどのように決めるのが正しいのだろうか．

　離散と連続の関係を対象とする研究には二つの方向があるように思う．連続を物事の本質とみて，それを近似するデータとして離散をとらえるのが一つの立場で，なるべく少ないデータでよりよい近似を与える方法を考察する．大量データの解析が可能になった今日の重要な課題である．一方で，離散を実態とみて，連続をその本質部分をとらえる近似ととらえる立場もあり得る．私の研究はこの立場だ．結晶格子は離散的な図形である．その上のランダム・ウォークは離散的な運動である．結晶格子上のランダム・ウォークの長時間挙動を観測すると，自然に結晶格子の入れ物となる連続な空間が現れ，離散運動であるランダム・ウォー

クが，この連続な空間の連続な運動に近づいていく．離散であるための複雑さが，長い時間のうちにそぎ落とされて，もっとも大切な部分だけが極限に見えてくる．この極限として現れる連続な空間と連続な運動は，もとの離散データの幾何構造からどのように決まるのだろうか．そのようなことに関心をもっている．その昔，Aubin セミナー，Filling セミナーなどの機会に，金井氏が整数格子と，それを膨らませてできるジャングルジムを並べて描いて，ラフに見れば同じに見えるものに共通な性質を調べることの重要さを熱く語っていたこと，大まかに物事をつかむことでより本質に迫る Gromov の思想にふれたことなども背景にあるのだろう．

7 物理現象との出会い

　純粋に数学的な問題だけではなく，物理的な現象において，原子や分子から成り立っている物質が，我々には連続な塊と見え，原子の振動や電子の運動が，その塊を流れる熱や電気として観察される．物質のミクロな構造は離散であり，それをマクロに見た現象が我々に感知できると考えれば，連続は離散の近似であり，そのミクロ–マクロ (離散–連続) の係わりを調べることがおもしろくなってくる．その仕組みを理解すること，特にミクロな幾何構造がマクロな現象をどのように制御するのかを理解することが離散幾何解析学の一つの方向ではないかと思う．

　このような考えを進めていくうちに，自然と物性物理の話を聞く機会が増えた．かつては数学上の仮想でしかなかった理想状態が，テクノロジーの発達で，現実世界となっている．ミクロとマクロの間に存在するクリティカルな現象としてメゾを意識する必要も生じている．勘や経験に頼るのでは追いつかない複雑な現象の裏に隠れた単純な原理を見いだせれば，大きな飛躍があるかもしれない．数学が現実世界から刺激を受け，また現実世界に刺激を与える土壌ができあがっているらしい．そのような期待を胸に，現在，離散幾何解析学を材料科学に応用するプロジェクトを東北大学の研究者でチームを組んで進めている [10]．しかし，実際には，材料科学者と数学者の言葉の壁，文化の違いは大きい．きれいに定式化された枠組みのなかで，アイデアを抽象化し深める訓練を受けてきた数学者は混沌のなかでもがくのみである．

8 最後に

Abel 賞受賞のインタビュー [1] のなかで Gromov は "that things got quite simple when formalized, if that was done properly. (正しく定式化されれば物事は極めて単純である)" と言っている．Gromov のように，作りあげていく過程こそがおもしろいのだと言いきれると良いのだが．

参考文献

[1] Abel prize, Notice of AMS 57(2010) http://www.ams.org/notices/201003/rtx100300391p.pdf
Kyoto prize http://www.inamori-f.or.jp/laureates/k18_b_mikhael/ctn.html

[2] Tierry Aubin, Nonlinear analysis on manifolds. Monge–Ampère equations. Grundlehren der Mathematischen Wissenschaften 252. Springer-Verlag, New York, 1982.

[3] 「微分幾何学の最先端—Surveys in Geometry,special edition」，中島啓篇，培風館，2005 年

[4] M.Gromov, Filling Riemannian manifolds, J. Differential Geom. 18 (1983), no. 1, 1–147.

[5] Curvature and topology of Riemannian manifolds (Katata, 1985), 108–121, Lecture Notes in Math., 1201, Springer, Berlin, 1986.

[6] JAMI: http://www.mathematics.jhu.edu/new/jami/
http://www.mathematics.jhu.edu/JAMI98-99/announce.htm

[7] 谷口数学国際シンポジウム http://www.kurims.kyoto-u.ac.jp/taniguchi/
http://www.kurims.kyoto-u.ac.jp/taniguchi/taniguchi-j.html

[8] Discrete geometric analysis. Proceedings of the 1st JAMS Symposium held in Sendai, December 12–20, 2002. Edited by Motoko Kotani, Tomoyuki Shirai and Toshikazu Sunada. Contemporary Mathematics, 347. American Mathematical Society, Providence, RI, 2004.

[9] Probabilistic approach to geometry. the 1st Conference of the Seasonal Insti-

tute of the Mathematical Society of Japan held at Kyoto University, Kyoto, July 28–August 8, 2008. Edited by Motoko Kotani, Masanori Hino and Takashi Kumagai. Advanced Studies in Pure Mathematics, 57. Mathematical Society of Japan, Tokyo, 2010

[10] CREST: http://www.mathmate.tohoku.ac.jp/

中学時代の恩師

林 宗男

小林昭七

1 野沢中学と林宗男先生

　私が数学の研究の上で，いろいろお世話になった方々は何人もいるが，そもそも，数学を志す切っ掛けは中学 4 年のときの数学の先生との出会いである．

　その頃は旧制の中学は 5 年までであった．ただし，4 年修了の段階でも試験に受かりさえすれば旧制高校に進むことができた．年令的には旧制の中学 4 年は今の高校 1 年と同じ 15 歳である．

　私は昭和 19 年に東京世田谷の千歳中学に入学したが，翌 20 年になると空襲が激しくなったので両親の故郷山梨県の甲府に疎開し，甲府中学に転校した．しかし，健康な男は皆徴兵で，人手不足の農家に我々中学下級生は勤労奉仕で天気の日は朝から夕方まで野良仕事，雨の日だけ学校に行って授業という毎日だった．そのうちに，父の徴用先の薬品工場が長野県に疎開したので，甲府中学には数回登校しただけで，長野県の野沢中学に再転校．野沢と云っても，スキーで有名な野沢ではなく，中央線の小淵沢と現在の「しなの鉄道」の小諸を結ぶ小海線の中込が最寄りの駅で，冬には浅間颪(おろし)で寒いが雪はあまり降らない地方である．

　私はその野沢中学で旧制の一高 (現在の東大駒場キャンパスのある所) に入学するまでの 3 年間 (昭和 20～23 年) を過した．その 4 年生のときの数学の先生が林宗男先生である．当時，先生は未だ独身だったが，後に結婚され栗本姓になられた．先生は東京物理学校 (現在の東京理科大の前身) を出られた後，名古屋大学で能代清先生に付かれて函数論を研究されたが，途中で肺結核に罹り休学せざるを

得なくなった.

　その頃は，空気のきれいな田舎から大都会に出て来た若い人が大勢結核に罹った．我々や，その少し上の世代で結核を患った数学者を私は何人も知っている．未だ結核の治療薬はなく，病巣を手術で切除するか，ピンポン球を入れて病巣の辺りを潰してしまうとか，いろいろな話を聞いたが，普通は安静にして，栄養をたっぷり取り，体力を付け，自然治癒を待った．今日のような飽食の時代と違い，皆食料不足で苦労していた時代だから栄養を取るといっても容易なことではなかった．

　幸い，林先生は無事恢復されたが，医者に，名古屋のような都会ではなく，湿度が低く，空気のきれいな田舎で教師でもやりながら，のんびり暮すように勧められたそうである．小海線は日本で一番高い所を走る鉄道で，小淵沢寄りには結核療養所でよく知られた清里もあり，野沢中学はその条件に適した所であった．当時の農村の子供は尋常高等小学校という 8 年の義務教育だけで家を継ぐなり，就職するのが普通で，小学校 6 年の後，入試を受けて中学校に進むのは余裕のある家の子だった．ましてや，全国で数えるほどしかなかった高等学校にまで行くのは珍しかった．(例えば，教育県と呼ばれた長野県には一つ松本高校があったが，長野市には無く，貧しい山梨県には一つも高校は無かった．高校の無い県の方が多かった)．だから，田舎の中学では親も子も高校入試などということは心配しないから，中学の教師は現在にくらべ，ずっとのんびりした職業だったのではないかと想像する．

　その頃の中学には，高等師範学校出身の教師と，林先生のように，そうでない教師がいた．高師出身の先生方は，一般的に，きちんとしておられて，すべて規則通りで，少々堅苦しかった．林先生や私達の化学の先生は高師出身でなかったためか，授業も教科書から外れることがよくあり面白かった．

　私は中学に入ってからも，数学の授業が一番好きだったが，林先生にお会いするまでは，クラスで勉強するだけで，家では，宿題以外に数学の勉強をするわけではなかった．そもそも当時は今のように中学生が読めるような数学の啓蒙書などなかったし，中学で習っていたユークリッド幾何，代数 (2 次方程式，連立 1 次方程式程度)，微積分の先にどんな数学があるのかまったく知らなかった．

2　イプシロン–デルタ

4年生になると微積分も学ぶようになった．というと「今の高校1年に相当するときに?」と驚かれる人がいるかも知れないが，その頃が，日本の小，中学校の数学のレベルが最高点に達したときではないかと思う．すでに述べたように，中学は義務教育ではなく，今の高校生よりも数少ない生徒が入試で選ばれてきているのだから皆が微積分をとるのが当然だとされていた．

微積分の始めに極限のことを学ぶが，その定義はもちろん直観的である．関数 $f(x)$ において，x が a に近付くとき，値 $f(x)$ が A に近付くならば，$A = \lim_{x \to a} f(x)$ と書き，A を x が a に近付くときの $f(x)$ の極限であると習う．関数といえば，多項式や三角関数のように具体的に書ける関数しか頭にないのだから，$\lim_{x \to a} f(x)$ は $f(a)$ のことだと私達生徒は思っているから，先生が説明すればする程，混乱する．そして，微係数の定義 $f'(a) = \lim_{x \to a} \dfrac{f(x) - f(a)}{x - a}$ のところで，x に a を代入したのでは $\dfrac{0}{0}$ になってしまい，$\lim_{x \to a}$ は $x = a$ とすることとは違うことが分かってくる．大部分の生徒は，結局，極限，収束の概念は，分かったような，分からないような状態で，例をたくさんやることによって微分の計算だけはできるようになる．これは，今の大学の1年生の場合も同じである．

林先生は，「いろいろとごたごた説明したけれども，本当は次のように定義するのが，すっきりと明快です」と言って，ϵ-δ 流の定義をされ，ただし，これは分からなくてもよいと付け加えられた．私はその時は分かったと思っていたが，家まで一里 (4 km) の道を歩きながら考えているうちに分からなくなってきて，翌日，先生に質問に行って，もう一度説明して頂いた．

後に，私自身が微積分を教える立場になって，収束，極限，連続などの概念が学生にとって最大の難関であることがよく分かったので，関数の一様収束などで本当に ϵ-δ が必要になるまでは直観的な定義で済ますことにした．必要に迫られてからだと，こちらも説明しやすいし，学生もなぜ ϵ-δ を使うのか納得してくれるように思う．

3 放課後

　私は学校から千曲川を渡り，中込の駅を通り，平賀村まで帰るのだが，ときどき中込の駅まで林先生と御一緒させて頂くようになった．途中に本屋が一軒あった．記憶は確かでないが新本も古本も扱っていたように思う．ある日そこで竹内端三著『函数論』を見付けた（その頃は関数ではなく函数と書いたし，収束ではなく，収斂，十分条件は充分条件だった）．林先生が函数論とは何か簡単に説明して下さった．後になって知ったが，能代先生の元にいらした林先生は函数論を勉強されていたわけである．面白そうな本だったので，早速，翌日求めた．買ったのはよいが，なかなか難しくて，始めの方を読んだだけで中学4年は終ってしまった．（残念なことに，何度も引っ越すうちにその本は失ってしまった．）

　先生と帰ると，いろいろ面白い話を伺えた．以前から $\sqrt{2} \fallingdotseq 1.41421356$ を「一夜一夜に一見頃」，$\sqrt{3} \fallingdotseq 1.7320508$ を「人並におごれや」，$\sqrt{5} \fallingdotseq 2.2360679$ を「富士山麓鸚鵡鳴く」と覚えることは知っていたが，$e \fallingdotseq 2.718281828459045$ を「鮒，一鉢二鉢一鉢二鉢至極惜しい」と覚えるのは先生が教えて下さった．$\pi \fallingdotseq 3.1415926535$ はどう覚えるのか知らない．π と言えば，何年か前，日本の小学校で 3.14 ではなく，単に 3 にしてしまったという事を聞いたとき阿呆なと呆れた．小学生でも，誰それの打率は 3.12 だとか，小数を使っている．旧約聖書の列王記上では円周が直径の 3 倍になっているが，もっと前のエジプトでは $(16/9)^2 = 3.16$ を使っていたし，ずっと後のアルキメデス（紀元前 200 年頃）は $22/7$ という近似値を得ていたことは有名である．英語には円周率という言葉がなく単に pi(パイ) と呼ぶ．バークレーの数学教室では 3 月 14 日を pi day と呼んで，お茶の時間にパイ (pie) が出る．家内の女子大の同級生に 3 月 14 日生れの人がいて，渾名がパイ子さんだそうである．3.14 は世界中で一番親しまれている定数であろう．

　話がずいぶん逸れてしまったが，林先生に話を戻す．これは，ずっと後に先生から伺った話だが，先生が使っておられた数学 I の教科書に，「放物線 $y = ax^2 (a \neq 0)$ は a の値が変ると，その形が変る．」とあったので著者の一人にそれは少し変ではないかと書いたが分かってもらえなかったそうです．

　著者は「形」という曖昧な言葉を相似の意味に使ったり，合同の意味に使っているのである．普通我々は円は大きさに関係なくすべて同じ形をしていると考える．

半径が変わると形が変わるとは言わない．同様に正三角形はすべて同じ形をしていると考える．すなわち，形が同じと言うときは，相似であると言っているわけである．座標により $X=ax, Y=ay$ で表される相似変換は，放物線 $y=x^2$ を $Y=\dfrac{1}{a}X^2$ に変える．すなわち，放物線はすべて互いに相似である．放物線のときだけ著者は形が同じというのを合同の意味に使って，林先生に放物線はすべて相似であることを指摘されたのである．

私が野沢中学にいた頃は，林先生は未だ結婚されていなかったので，夕方急いで帰宅されなくてもよかったのか，放課後，私一人のために講義をして下さることもよくあった．中学で，2 次方程式 $x^2+bx+c=0$ の根 α, β と係数 b, c の間の関係を習ったが，それは主に因数分解のために習ったような感じだった．先生から，一般に n 次の多項式の場合には，それが，根の基本対称式と係数の関係に拡張されることや，判別式も n 次の場合に拡張されることを教えて頂いたときは感激だった．

4　高校進学

始めに書いたように，私は戦争の終りに近い頃，東京の千歳中学の 1 年生だった．千歳中学は軍事訓練 (教練と呼んだ) に熱心で，新入生は軽井沢で一週間教練を受けた．4 月の軽井沢は雪も残っていて，まだ寒かった．東京のどこかの大学が持っていた宿舎に泊って雪道を行進するのだから，軽井沢の通常のイメージからは程遠いものだった．10 人ずつ位の班に分かれて，班長は成績のよい 4 年生か 5 年生で，高等学校，そして大学へと進むつもりの人達だった．夜，宿舎に戻ってから班長と話しているうちに，中学を終えたら私も高等学校に進学しようと思うようになった．

私が野沢中学にいた頃は，松本高校に進学する人が年にほんの少しいるだけだった．生後数ヶ月からずっと東京で育った私は，東京に戻りたかった．昭和 23 年頃になっても東京は未だ戦災から完全には復興しておらず，住宅，電気，何もかも不足していたので東京に仕事のある人，東京の高校，大学に入学した人でなければ戻れなかった．父も単身東京に戻り，また商売を始める準備をしていた．当時の大部分の親と同様に，私の両親も高等教育を受けていなかったので，子供の進

学のことは先生に任せていた．幸い，私の両親は家業を長男に継がせるというような考えを持っていなかったので，林先生が私に一高を受験するように勧めて下さったときには，私は何も迷うことはなかった．3年振りの上京で，汽車が八王寺まで来ると窓から見ているだけでも「ああ」東京だなと懐かしかった．

　私は理工学部向きの理甲を希望していたが，医学部向きの理乙にまわされた．大学を受けるときには理甲でも理乙でも学部は勝手に選べるので，別にどうということはなかった．強いて言えば，歴史的，伝統的理由から理乙ではドイツ語を重視していたのではないかと思う．ともかく，無事合格したので林先生も大変喜んで下さった．お祝にと，先生の蔵書の中から，P. S. アレクサンドロフ (Alexandroff)–H. ホップ (Hopf) 著『Topologie I』Springer 1935 を下さった (この本の第2巻は出なかった)．戦前出版された位相幾何の本は他に H. ザイフェルト (Seifert)–W. トレルファル (Threlfall) 著『Lehrbuch der Topologie』Teubner, 1934 があるだけだった．戦後になってアメリカでもぽつぽつ数学書が出るようになったが，私が学生だった頃は，B. L. ファン・デル・ヴェルデン (van der Waerden) の『Moderne Algebra』とか H. ツァッセンハウス (Zassenhaus) の『Lehrbuch der Gruppentheorie I』とか，1930年代にドイツで出版された数学書が一世を風靡していた．林先生から頂いたアレクサンドロフ–ホップの本は私にとって最初の洋書であった．

　一高に入って，ドイツ語を習った．中学で英語を学んだときと違って，高等学校のドイツ語の授業のペースは実に速かった．読むことと，文法が中心で，会話なしという当時の典型的な語学教育だった．教育制度改革の一環として，一高は私達が一年を終えるときに消滅して，新制度の東京大学の教養学部のキャンパスとなった．とは言っても，私達は自動的に東大生になれたのではなく，再び入学試験を受けなければならなかった．私は入試の課目の一つである外国語としてドイツ語を選ぶことにして，一高の1年間ドイツ語を一生懸命勉強したので，まもなく数学の本なら辞書を片手になんとか読めるようになった．早速，林先生から頂いたアレクサンドロフ–ホップを読み始めた．なかなか思うようには進まなかったが，それまで考えていた数学とはまったく異なる世界に触れて楽しかった．

　林先生はその後，婿入りされ，栗本姓になられたが，私にとってはいつまでも林先生である．赴任先は同じ長野県の上田市に変り，先生は停年まで上田の高校で教えられた．私は，菅平高原での数学の会の帰りに3回ほど先生にお目にかかる機

会に恵まれた．野沢中学の時代には，先生の数学教師の面しか知らなかったけれども，後になって，先生は書をなさることも知った．さらにずっと後には，家内の母を通して，びっくりするようなことも知った．義母は謡をやり，その教師もしていたが，たまたまあるとき，能楽の会で鼓を打つ方が本職は数学の教師だとおっしゃるので，娘が数学者に嫁いでいると言ったことから話が進み，その方が林先生と分かり，私に知らせてきたのには，月並みな言い方だが，世間は狭いものと驚いた．母の謡は宝生流だったので，先生の鼓も宝生流だったにちがいない．先生は晩年になって始めた趣味と謙遜されていたが，母が言うには，趣味の域を越える腕前だったようである．このような先生に遇えた私は本当に幸運だったと思う．

今秋 (2010 年) の菅平高原での研究集会からの帰りは，しなの鉄道で上田から小諸，小海線で小諸から小淵沢というルートで東京に戻った．62 年振りの懐かしの小海線だった．中込の少し手前で長野新幹線と交るところに，佐久平という新しい駅ができて，ホテルまで建った以外は，車窓から見た沿線は昔とあまり変っていなかった．

小海駅を過ぎると人家も少く，千曲川沿いに昔のままの美しい秋景色の中を電車はひたすら登り続けた．次の松原湖駅までは急坂で，戦中戦後の石炭不足の頃，薪を併用した蒸気機関車が息も切れぎれにこの坂を登ったのを思い出した．そのあと，八ヶ岳山麓に沿って 30 分程走ると日本最高の鉄道駅野辺山．次の清里までの中間に標高 1375 m の JR 最高地点がある．電車はそのあたりで山梨県に入る．野辺山から清里までの景色が特にすばらしいとテレビで紹介されたとかで，週末ということもあり，両駅は非常に混雑していた．生きるのに皆精一杯だった 60 年前には想像できないことだった．清里駅には懐かしい蒸気機関車が展示されているのが車窓から見えた．あとは小淵沢までずっと下り，一駅手前の甲斐小泉では平山郁夫美術館が見えた．こうして 2 時間 20 分のセンチメンタル・ジャーニーは終った．

書物を通じて人と知り合う
岡潔，小平邦彦，そして朝永振一郎
杉山健一

1 学部時代

私が初めて著書『日本の心』を通して岡先生とお会いしたのは，学部1年生の時である．将来どの分野に進むか迷っていた私にとっては，決定的な出来事であった．特に先生の「数学の研究とは命の燃焼である」，「数学者とは発見の喜びを糧に生きる人たちである」の言葉に強く惹かれた．今振り返れば我ながら無邪気な青年であったといわざるを得ないが，その時から将来は数学科に進学し，先生のご専門である多変数複素関数論を勉強しようと強く心に決めた．

当然の如く4年生の卒業セミナーでは多変数複素関数論を志望して，木村俊房先生の研究室にお世話になり専門書を輪講することになった．

当時（今もかも知れないが），多変数複素関数論の教科書といえばGunning–Rossi著『Analytic Functions of Several Complex Variables』であった．私にとってこの本は難解で解読不能の箇所も多かった．一緒にテキストを読んでいた，高山信毅氏（現神戸大学）や松木謙二氏（現Purdue大学）は理解していたようであるが，私にとってOka–Cartanの定理A, Bのあたりは特に難しく，理解できたとは到底言い難い．多変数複素関数論を志した動機などはすっかり忘れてしまい，このような難しい分野を選んでしまったことを後悔する毎日であった．

このような状況であるから，岡先生の二つの言葉「数学の研究とは命の燃焼である」，「数学者とは発見の喜びを糧に生きる人たちである」はだんだんと私にとって縁遠いものとなっていった．

写真 1 岡潔

そうこうしているうちに大学院修士課程に進学することになり，専門分野を決めなければならなくなった．相変わらず多変数複素関数論を志していたものの，選んだ専門分野は解析学でなく幾何学であった．分野を変更したことに理由があったはずであるが，皆目思い出せない．面接の先生方も不思議に思われたらしく，理由を尋ねになられた．覚えているのは「岡先生を尊敬しているので，この分野を選んだ」と答えたことである．

今思えばずいぶんと頓珍漢な返答をしたものだと我ながらあきれるが，先生方もこの返答には困ったらしく，誰が指導教官となるかで議論になった．幸い落合卓四郎先生が「私が面倒みましょう」と助け舟を出して下さり，その場は収まった．面接の最後に服部晶夫先生が「君は酒が飲めるか」と質問されたが，多少は飲めますと答えたところ，「それならば良い．幾何学 (トポロジー) では酒が飲めないとやっていけないからな」と仰られたことは今でも強く印象に残っている．

2 修士課程

以上のような経緯で修士課程に進学したものの，どの分野を勉強するかという問題が残っていた．当然のことであるが，修士課程を修了するためには修士論文を書き上げなければならない．しかし落合先生から，岡先生の方法による多変数

複素関数論の分野には最早解ける問題は残っていない，ということを指摘された．

当時，多変数複素関数論では，Hörmander を嚆矢とする線形偏微分方程式の立場から，Oka の定理を再証明する方法が盛んであった．この方法によると，あれほど複雑で難解であった証明が，随分と見通し良くなるのである．落合先生から，この分野を勉強したらどうだという示唆を頂き，先生の意見に従うことにした．ただ，そのためには多くの予備知識が必要であった．複素多様体論，偏微分方程式論，Hilbert 空間論等である．皮肉なことに，4 年生で学んだ多変数複素関数論の知識はほとんど必要とされなかった．(Hörmander の理論が，Oka 理論をまったく別の方法で再構築するという点からも当然かもしれない) これらの分野の知識を仕入れるべく，ひたすら教科書を読んだ．

小平先生と著書を通してお会いしたのは，この時であった．正確には Griffith-Harris による『Principles of Algebraic Geometry』という教科書を通してであるが，その議論の明快さに強く惹かれた．

夏目漱石の小品に，漱石が運慶が仏像を彫っている現場にでくわす場面がある．漱石は，運慶が容易く仏像を彫り上げるのを見て，あまりの不思議さに運慶にどのようにしたらそのように簡単に仏像が彫れるのかと質問するが，同じく見物していた若い男が「仏像を彫るのではない．すでに木の中に仏像は存在しており，単に取り出すだけだ．容易いことだ．」と答えた．漱石はその回答に甚く感心し，自宅に戻り薪を彫ってみるが仏像はいなかった．何度も繰り返したが，やはり仏像を掘り当てることはできなかった，という話である．

小平先生の定理や理論は，まさしくこの運慶の仏像に相当するものであった．4 年生の輪講で，岡先生の理論がほとんど理解できなかった私にとって，理論が無理なく理解できることが驚きであった．この驚きは後に小平先生の原論文を読んで一層強くなった．(ちなみに『Principles of Algebraic Geometry』は，解析学，代数幾何学，複素幾何学が同時に勉強できる教科書として，この時随分と重宝した) そんな状態であったが，本来であれば，教科書は学部生のうちに読み終えて，大学院では論文を読まなければならない．しかし，どうしようもなかった．

同級生としばしば現在勉強していることについて情報を交換することがあったが，皆最先端の論文を読んでいた．早い友人は，既に修士論文の問題に取り組んでいた．私は焦りと劣等感に苛まされていた．そんな時，朝永先生の著書『鳥獣戯画』に巡りあった．

写真 2 小平邦彦

　その本の中で，朝永先生は，「量子力学の黎明の時代に，溢れるばかりの文献のなかで，進むべき方向を見失いがちであった」と書いておられる．比較するのはおこがましい限りであるが，朝永先生にしてそのような時期があったのであるから，私にあって当然とその時は自分を慰めた．（この本に限らず，朝永先生の著書から実に多くのことを学んだ）現実から逃避する目的もあって，修士論文のことはそっちのけで，小平先生の論文を読み漁った．（記憶が定かでないが，この時期かあるいは前後して小平先生の論文集が出版された．その全集をほとんど読んだような気がする）

　しかし修士論文を書かなければならないという現実は厳然と存在し，避けることはできない．この頃，Yau 等により，複素ユークリッド空間を曲率により特徴づけるという論文が出版された．私は四苦八苦しながらこの論文を読み終えたが，落合先生から，この結果をより一般化してそれを修士論文としよう，といわれた．

　問題は予想の形で明快に定式化されていたが，どのように取り組めばよいのか皆目見当がつかない．先生は Yau 達の論文で用いられた手法を一般化すればできるはずだといわれたが，どのように一般化すればよいのだろう．苦し紛れに一般論に頼ろうとして，関係しそうな論文に片っ端からあたっていった．中には専門外で，到底読めそうもないような論文もあったが，そのような時は友人を頼った．彼らも自分の修士論文を仕上げなければならないはずなのに，快く質問に応じてくれた．しかし残念なことに私があたった論文は，当面の問題の解決には役に立

写真 3　朝永振一郎

たなかった．

　そんなとき，岡先生の「本当に必要なものは自分で作り出さなければならない．」という言葉がしきりに思い出された．またちょうどこの時，小平先生と飯高茂先生の対談を拝読する機会があった．その中で飯高先生の，どのように数学をされるのですか，という質問に対し，「私は原生動物のように数学をします．」と小平先生は答えておられた．小平先生の仰る「原生動物」は未だに正確に理解してはいないが，この二つの言葉は私に大きな影響を与えた．

　私はそれまでの一般論に頼る方法を捨てて，必要なものは自分で作り，問題の本質を見極める態度に徹することに決めた．ちょうどこの頃，加須栄篤氏(現金沢大学)が東大にいらして，Yau の論文を解説して下さるという幸運に恵まれたこともあり，ようやく問題解決の糸口を見つけることができた．が，小平先生の明晰な数学に強く憧れるようになった．

3　博士課程

　普通，博士過程では修士課程で学んだこと，あるいは研究したことをより掘り下げて研究するものであるが，私の場合は，これ以上修士論文のテーマを掘り下げて研究する気は起きなかった．小平先生のように，幾何学的手法を用いて代数多様体を研究するというスタイルに憧れたためである．

また，代数幾何学における基本定理の一つである，Riemann–Roch の公式にも興味を抱いた．この定理は一般次元の代数多様体について Hirzeburch により証明されたが，その手法は Thom による cobordism 理論，つまりトポロジーの理論を用いるものであった．(Hirzeburch 氏には城崎の研究会でお会いしたことがある．気さくな紳士であったが，数学に対する情熱はすごいものであった．氏に，どのように数学をされるのですか，と質問したところ，「実験 (計算) をするんだ」と答えられたのが印象に残っている) この定理は，後に Atiyah と Singer により，指数定理といわれるさらに一般的な定理に定式化されることになる．

　このように，まったく違った分野に交流が起こり，新しい定理あるいは理論が生まれるというのが何とも魅力的であった．私は当てもなくこれらの文献を手当たり次第に読んでいったが，これからどの分野に進めばいいのか，その方向を見失っていた．代数幾何学には，小平学派といわれるスクールがある．いずれの方々も煌めくような才能の持ち主で，私は小平先生の数学に憧れたものの，とうていその中に入り込めるような状況ではなかった．

　ちょうどこの頃，Donaldson がゲージ理論の 4 次元多様体への応用でフィールズ賞を取り，私の周りでもゲージ理論の勉強会が頻繁に行われるようになった．まだ始まったばかりの若い分野なので，私にも理解可能で，多少なりとも貢献できるかも知れないと思いセミナーに参加したものの，あまりの難しさにすぐに音をあげた．ゲージ理論を勉強した方ならご存知と思うが，曲率を集めて作られる無限次元のアフィン空間を，そこに作用するゲージ群といわれる，無限次元のリー群で商をとり多様体を構成する．しかし，代数幾何学を多少なりともかじった者にとっては，代数多様体を有限群で割ることさえいかに大変であるかということが身に沁みている．いわんや無限次元をや，である．結局，理論的には理解できたものの，心情的には納得できないという中途半端な状態になってしまった．

　そんなことで悩んでいるうちに，セミナーの方はどんどん進んでしまい，あっという間に手の届かないところに行ってしまった．この時の，セミナーの参加メンバーは，服部先生，落合先生，深谷賢治氏 (現京都大学)，古田幹雄氏 (現東京大学)，小野薫氏 (現北海道大学)，森吉仁志氏 (現名古屋大学)，黒瀬俊氏 (現福岡大学) 等という豪華なメンバーであった．

　そのような状況であったが，学位論文の期限が迫ってきた．しかしどの方向に進んでよいのかわからない．そんな折，小平スクールの旗手の一人であった中山昇氏

(現京都大学) が,「代数幾何学において小平消滅定理を一般化した川又消滅定理があるが,この定理は代数多様体に適用できる．様々な状況からみて,より一般のケーラー多様体でも成り立つと思うがどうだろう？」という質問を持ちかけられた．

いろいろと悩んだが,物理学者の Witten のアイデアを複素多様体に応用した Demailly の定理を用いることにより,質問に肯定的に答えることができた．結局,このときの結果が学位論文のテーマとなったが,自分の内発的な疑問から発見した問題ではないため,岡先生の言う「命を燃やして数学を研究する」という状態にはほど遠かった．ましてや,「発見の鋭い喜び」を味わうことはできなかった．ここに至ってこの分野は私の進むべき方向ではないと強く思うようになり,未だ自分の進むべき道を見つけられないでいた．

4　金沢大学

最初の赴任先は金沢大学であった．当時はまだ城内にキャンパスがあり,世界で城の中に大学があるのはハイデルベルクと金沢だけというのが自慢であった．旧制第四高等学校の流れを汲む金沢大学は,旧制高校の面影を色濃く残し自由な雰囲気であった．私は数学の上で進むべき方向を見いだせないままでいた．

そんな折,整数論を専門とする木田祐司氏 (現立教大学) から Birch と Swinnerton-Dyer による楕円曲線にまつわる不思議な予想を伺った．それは有理数を係数にもつ楕円曲線に対して定義される L-関数といわれる解析関数と,楕円曲線の「算術的普遍量」との間の不思議な関係を予想したものである．もう少し予想に立ち入ると,楕円曲線の有理点をすべて集めて得られる集合は可換群の構造を持ち,Mordell–Weil 群といわれ,有限生成アーベル群となることが知られている．

一方,楕円曲線を標数 p の素体に還元して,その有理点の個数を数えることにより L-関数といわれる,$\operatorname{Re} s > 3/2$ で絶対収束する級数 $L(s)$ が定義される．このとき,$L(s)$ が全平面に整関数として解析接続されるであろうというのが,ワイルズによって解決された有名な志村–谷山–Weil 予想である．

Birch と Swinnerton-Dyer は,$L(s)$ の $s = 1$ での位数は Mordell–Weil 群の階数に等しく,その主要係数は楕円曲線の「算術的普遍」を用いて表すことができるであろう,と予想した．その予想を聞いた時,直感的にこれは整数論における指数定理だと思った．

指数定理というと Atiyah–Singer の指数定理に代表されるように，解析的指数＝幾何学的指数，の形に述べられることが多いが，これを精密化したのが Ray–Singer の定理である．閉じたリーマン多様体上に与えられた計量付き平坦ベクトル束に対して，ラプラス作用素といわれる 2 階の楕円型偏微分作用素が定義される．その固有値を用いて「ゼータ関数」を定義し，適当な点での特殊値を用いて定義される普遍量が「解析的捻れ」である．一方，多様体の単体分割を用いて「位相的捻れ」が定義され，両者が等しいというのが Ray–Singer の定理であった．この文脈では，Atiyah–Singer 指数定理は，「ゼータ関数」の非自明な零点と極の位数を調和形式の作る空間の次元で表す公式として捉えられる．

私は「算術的普遍量」の正確な定義は理解できずにいたが，とりあえず形式的に $L(s)$ を「ゼータ関数」に，「算術的普遍量」を「位相的捻れ」に置き換えれば Birch と Swinnerton-Dyer による予想は Ray–Singer の定理に似ていることに気がついた．このとき，初めて自分の進むべき方向が定まった気がした．

しかし大きな問題があった．それは，私は整数論の門外漢であるということである．そもそも整数論は，数学を専攻する研究者の中でも，特に優秀な者が志す分野というのが定説である．私にその資格があるとは到底思えなかったが，いまさら後戻りすることもできない．そもそも後戻りするにも，幾何学ははるか向こうに進んでしまい，言葉さえわからない．当分論文は書けなくなるであろうが，整数論を一から勉強しようと決めた．

まず読まなければならなかったのは，代数的整数論の教科書，類体論のテキスト，そして代数幾何学の論文である．博士課程までに勉強した代数幾何学は，標数 0 の代数的閉体上 (つまり複素数上で) 展開されるものであった．整数論ではその名のとおり，整数あるいは標数 p の体の上で定義された多様体を扱うため，新たに勉強し直す必要があった．そのために，Grothendieck による『EGA(Eléments de géométrie algébrique)』，『SGA(Séminaire de géométrie algébrique)』を最初から読まなければならなかった．また Birch と Swinnerton-Dyer の予想のなかには保型形式も現れるため，その勉強も必要であった．

まったく学生と変わらなかったが，この時救いとなったのが，朝永先生の著書であった．先述した『鳥獣戯画』のなかに「滞独日記」が収録されている．その中で朝永先生は，研究がうまく行かないときの心情を述べられておられる．先生と自分の置かれた状況とを重ね合わせて (おこがましい限り！)，自分を慰め励

ましていた．ただ断言できるのは，もしこの時朝永先生を知らなかったら，数学の研究は止めていただろう，ということである．それほど先生の言葉は私にとって頼りであった．

5　千葉大学

当時，Birch と Swinnerton-Dyer の予想にまつわる文献といえば，Coates–Wiles, Greenberg, Gross–Zagier 等の論文であった．このうち，Gross–Zagier の論文だけが $L(s)$ の $s=1$ での 1 階微分を計算していた．私はこの論文を手掛かりに，一般の場合にどのようなことが起こるのかを調べてみようと思ったが，この論文を読むにあたり新たに勉強しなければならないことがあった．算術交差理論である．Gillet–Soulé による算術交差理論は一応かじってはいたが，この論文では楕円モジュラー曲線を算術曲面とみなして，Heegner 因子といわれる因子の算術交点数を具体的に計算している．

私は，整数上で定義された楕円モジュラー算術曲面の理論は無知であった．また，算術交差理論では無限素点での交点数を計算するため，リーマン面上で定義されたラプラス作用素の Green 関数を具体的に求めて，Heegner 因子を代入して得られる特殊値を計算する必要がある．私にとってラプラス作用素や Green 関数は遠い昔の思い出であり，一から勉強し直さなければならない始末であった．

それにも増して私を苦しめたのは，彼らの超絶技巧の計算である．Gross, Zagier といえば知る人ぞ知る計算の大家であるが，幾何学，代数幾何学と渡ってきた私にとって，この論文の計算はまさに脅威であった．これらの分野では，もちろん計算はするが，大変な計算というのには出会ったことがない (例えば，Legendre 関数から Poicaré 級数を作り，それに虚 2 次点を代入した値を具体的に求めたりはしない)．

何とか論文を読み終えたが，結論は「この論文から高階微分の計算方法を割り出すことはできない」であった．ここに至って私は途方に暮れた．知識はだいぶ増えたが，再び進むべき方向を見失ったのである．

しばらく何もする気が起こらないでいたが，ある時，岡先生の『日本の心』に書かれている寺田寅彦先生のエピソードが思い出された．それは寺田先生が，海軍からある海峡の海流の様子を調べてほしいと依頼を受けたときの話である．多くの学

者は方法が思いつかず拒否したが，寺田先生はまず地図から海底の詳細な模型を作り出し，模型に水を流して紙を浮かべて海流の様子を調べた，という話である．

　私もこれにならい，予想のモデルを作ってみようと思い立った．有限体上のモデルは Tate によって作られているが，そのモデルの解析には有限体特有の事情を用いている．複素数の上でモデルを作り，Hirzeburch の言うように実験 (計算) をして予想の類似が成り立つかを調べよう，と計画した．もし予想の類似が成立するのであれば，Birch と Swinnerton-Dyer の予想が正しいと思われる理由も，ある程度納得できるであろうと考えたのである．結局，考えた複素数上のモデルで予想の類似は成立した．今後，このモデルがどのように役に立つのかわからない．また進むべき方向を見失うのかも知れない．ただ，そうであっても 3 人の偉人の言葉が，私を支えてくれるのは確かであろう．

ボルツマンの夢

Ya. G. Sinai

髙橋陽一郎

1 モスクワ到着

1976年の夏の終わりに，モスクワのシェレメーチェヴォ空港に到着した．旧ソ連と日本の間の研究交流協定が実施されて2年目，数学としては初めての日本学術振興会長期派遣研究者で，4月からの予定が手続きの遅れで8月も後半になった．緊急に連絡をと思っても，まだ大学での国際電話の使用はままならず，渋谷まで出かけて自分でテレックスを打つ時代であった．当時のモスクワに滞在していた日本人は，外交官と商社マンと特派員，そして一部の研究者や学生くらいであり，ロシア語はいくらか学び，文学や音楽を少しは知っていても，未知の土地に降り立った思いであった．

空港には二人の学生が出迎えてくれた．一人はHaninで，ソ連崩壊後は英国に職を得て活躍している．Newton研究所にいたこともあり，日本にも何回か来ているので，ご存じの数学者，理論物理学者も多いかと思う．もう一人は，英語も堪能，お洒落で気配りのできるスマートな紳士であったが，多感過ぎて早世してしまったと聞いている．コーヒー好きと聞いて，「(ソ連でも) バルト3国まで行けばカフェがある」と言っていたのが，妙に記憶に残っている．

振り返ってみれば，それぞれの場面で教えを受け，影響を受けてきた方々は数多い．とくに，数十年を経て，教えの意味が理解できたこともいくつかある．しかし，数学者をひとりだけ挙げるとすれば，やはり，20代末に出会えたYakov G. Sinaiである．いまでは国内でも多くの人が聞いたことがあるだろう「ボルツマンの夢」という言葉も彼から初めて教えてもらった．

写真 1 1990 年京都にて

2 渡航まで

10 代後半は，将来は研究に携わりたいと思いつつ，興味は視野が開けるごとに広がるばかりで，絞り切れずに迷っていた．結局は，エントロピーとは何であるかを知りたいなどという思いがもっとも強く，まずは確かな基礎から学びたいと数学科進学を選んだ．4 年生の夏休みの最後に大学院入試があり，休み明けとともにストライキに入り，その翌週に合格発表があった．修士課程では，非線型方程式などにも興味を持ちつつ，ベータ変換などの力学系あるいはボルツマン方程式に付随した相互作用のある確率過程の研究を始めていたが，平衡統計力学の数学的な基礎に関わる諸問題はとても魅力的であった．

幸い，早く安定した職が得られたので，論文を書くことなど意識せずに，統計力学の勉強を始めることができた．今は亡き久保亮五さんに，「先生の統計物理の教科書の最初の 10 数ページがわかりません」と質問し，「わからなくていいんです」とのお答えに安心したこともあった．若気の至りで失礼なことを申し上げたものだと思うが，他方で，それ以後，本当にわかっている方々は，素朴な疑問をぶつけるとそれを整理して答えてくださるもの，少なくともその疑問の本質を教えてくださるものだと確信するようになった．

平衡系古典統計力学を極限 Gibbs 場として捉えて厳密な数学として展開しようという方向での研究は 1960 年代以後進んでおり，R.L. Dobrushin, D. Ruelle, O. Lanford II などの論文や著書で勉強した．当時，日本の確率論でこのような

方向で研究に取り組み始めていたのは京大の宮本宗実さんくらいであった．極限 Gibbs 場は，現在では確率論の基本常識の 1 つとなり，単に Gibbs 場と呼ばれることの多い無限粒子の確率場である．平衡統計力学を数学的に捉えるには，有限粒子のハミルトン系の平衡状態 (カノニカル，ミクロカノニカル，グランドカノニカルの 3 種のアンサンブル) において粒子数を無限にした極限，もしくは無限体積極限を考えることが自然である．1 次元空間の場合は詳しく調べられ，Gibbs 状態の一意性 (つまり，相転移の不在) も transfer operator と呼ばれる作用素の解析から示されることが早くからわかっていて，ベータ変換の混合性やベルヌーイ性の研究の際にも応用していた．1 次元力学系の場合，この作用素は，現在では，Perron–Frobenius 作用素と呼ばれている．

そのような中で，連分数や測度論的なエントロピーや可算ルベーグ・スペクトルの研究，さらには，久保泉さんたちが "解読" を始めていた撞球問題の論文その他で名前こそ知ってはいたが，Sinai–Volkoviski による理想体のエルゴード性の証明 (1971) は，当時の私にとっては衝撃的であった．理想気体であるから相互作用のない系であるが，無限粒子系に対して初めてエルゴード仮説が検証されたのである．Funkcional. Anal. i Priložen. (関数解析とその応用) に掲載された論文が図書室に届いていたのに気付いたのは，1972 年の夏休み明けであったように思う．

3 理想気体のエルゴード性

Sinai たちの理想気体とは，おおざっぱに言えば，ユークリッド空間の中に "一様に散らばっている" 無限粒子系において，それぞれの粒子が独立に慣性運動をする力学系である．ただし，各粒子の速度は互いに独立で，同じ Maxwell–Boltzmann 分布 (=平均 0 の Gauss 分布) に従うものとする．

ここで，"一様に散らばっている" 無限粒子系とは，Poisson 確率場のことで，粒子の位置を $x_i, i = 1, 2, \ldots$ として，粒子の配置を点測度の和 $\xi = \sum \delta_{x_i}$ で表し，関数 f に対して，$\langle \xi, f \rangle = \sum f(x_i)$ とおくとき，Laplace 変換が

$$\int \mu(d\xi) \exp\left(-\langle \xi, f \rangle\right) = \exp\left(\int_R \left(e^{-f(x)} - 1\right) \lambda(dx)\right)$$

で与えられる確率場 μ のこと (というのが，いささか不親切だが，もっとも簡潔

な定義) である．ただし，上の場合，R はユークリッド空間で，λ はルベーグ測度の密度倍 $\lambda(dx) = \rho dx$ とする．また，慣性運動とは，もちろん，i 番目の粒子の時刻 t での位置が微分方程式 $\dfrac{dx_i}{dt} = v_i$ で与えられる運動である．ただし，i 番目の粒子の速度 v_i は一定とする．

話が少し横道にそれるが，理想気体において各粒子の速度 v_i は一定である．よって，無限個の不変量を持つように見えるにもかかわらず，エルゴード的である．後に，J. Lebowitz たちが調べた格子上の調和振動子でも同様な状況が起こる．さらに言えば，現在に至るまで，無限次元では，一見したところ可積分系と思える系以外にエルゴード性が証明されたものはない．可積分系の定義を思い出せば無矛盾ではあるが，無限次元では，有限次元で培った"常識"が破綻することも多い．

志賀徳造さんと髙橋は (実はほとんど独立に)，理想気体のエルゴード性が成り立つ理由を理解し，各粒子の運動が互いに独立なマルコフ過程の場合に拡張して調べた (1974)．次のステージは，相互作用する無限粒子系のハミルトン力学系を構成すること，そして，そのエルゴード性を検証することであった．

そのようなときにモスクワ留学のお誘いがあり，渡航を決断した．後で聞いた話であるが，初年度の派遣研究者は，日本からは文系だけ，ソ連からはほとんどが工学系で，関係者は相互交流のバランスをとるのに苦労されていたとのことであった．学部の事務の人たちは，学術振興会から名指しで応募書類が送付されて来たのは初めてと驚いていた．

4　モスクワ大学でのセミナー

ほぼ 9 月いっぱい，モスクワは夏休みであった．そのお陰でセミナーの始まるまでに生活面の準備ができた．モスクワ大学の巨大な建物のウィングのひとつが外国人研究者も入る寮で，各部屋は 2 室に分かれていてそれぞれベッドと机と 1 チャンネルのラジオがあった．冬に備えて気象情報だけは聞き取れるように懸命に努力した．入口近くに共有のシャワーとトイレと洗面台があった．ホテルに宿泊したときを除いて，いつでもお湯の使える生活は初めてであった．中央部の地下には，文房具から八百屋まであった．食堂は 2 つあり，教官用には白いテーブルクロスとナイフがあった．値段は 3 倍くらいであったが，味の差を識別できな

かったので，スプーンとフォークだけの学生用食堂を利用することにした．牛，豚，鳥，羊の順に定食は 0.6, 0.8, 1.0, 1.2 ルーブルであったように記憶している．ただし，羊肉が供されるのは稀であった．また，日本の鉄道技術者の間で「3 分の壁」という言葉があり，およそ 3 分半の間隔で電車の走っていた時代に，モスクワの地下鉄はその壁を破っていたことは驚きであった．

一方で，諸手続きには随分と時間がかかった．3 か所を回れば済むひとつの手続きが，昼休み時間の時差などが裏目に出て 3 日間かかったこともあった．外国人登録に相当する手続きをしたフロアだけは廊下に赤絨毯が敷いてあった．少しは落ち着いた頃，共産党機関紙『プラウダ』に 2 つの死亡記事が続いて掲載された．ジャン・ギャバンと毛沢東であった．国際関係のためもあったろうが，フランスの俳優の記事のほうが大きな扱いであった．

毎週出席したセミナーは 2 つ，Sinai が主宰するものと，Dobrushin が主宰するものであったが，同じ部屋で引き続いて行われ，年間テーマも共通で，この年度は「くり込み理論」であった．「主宰」という言葉に違和感を覚える読者も多いかもしれないが，文字通り，セミナーのすべてを主宰者が仕切っていた．印刷や複写は厳しく制限されていたことと無縁ではなかろうが，主宰者は毎週 2 時間のセミナーの最初の 4 分の 1 くらいを使って近着の論文やプレプリントの要旨を紹介してくれた．また，テーマ毎に主要論文を 10 篇ほど選んでロシア語訳してまとめられた小冊子も本のキオスクで販売されていた．モスクワ数学の黄金期とのちに呼ばれる時代は終わりに近づいていたかもしれないが，そのレベルは高く，少しは知っている分野の冊子をみて論文の選択はさすがと思わせるものがあり，新刊を見つければ，分野を問わずに買うことにした．

もう引退していた A.N. Kolmogorov が情報理論入門の特別講義 (5 年制大学の 3 年次向け) をしていたので，これもできるだけ聞くことにした．

また，別格のセミナーとして，M.I. Gelfand の主宰するものが夜に開かれていた．数学のほとんどの分野から Sinai, Novikov などというレベルの教授も常連として出席しており，学問上の真剣勝負の場であった．前週に指名された講演者が 5 分も経たずに終了宣告されたり，セミナーの流れの中で必要と思うと，そうそうたる面々の一人を突然指名して，最新結果の現状などを報告させ，これも的外れと判断すると打ち切ってしまった．また，数学や理論物理の大学院生や若手研究者たちも，認めてもらいたくて，あるいは少しでも助言を得ようと必死であっ

た．もっと頻繁に出席すればよかったと後悔もしているが，出席すると疲れ切った上に，食堂の営業も終了していてソーセージとパンとリンゴで夕食を済ますことになって，かなりサボってしまった．

別のところに書いたことがあるが，当時の日本で育ったものとしては，別格のセミナー以外の日常的なセミナーでも，当然のこととして物理の研究者が話すことが，驚きであった．

5 ボルツマンの夢

ボルツマンの夢とは，分子運動論から熱力学を導出しようという壮大な試みである．

M. カッツは 1950 年代末の著書の最終章を次のような文章で始め，その「遠大な広がり」の成功例として，連分数に関する諸結果が連分数変換という力学系を研究することにより導かれたことを紹介している．

> 「19 世紀の中頃，力学と熱力学を原理的に統一しようとする試みが始まった．その主たる問題は，熱力学の第 2 法則を力と力学法則に従う粒子 (原子や分子) からなるという物質像より導出することであった．
>
> マクスウェルとボルツマン (遅れてギブスも) の手により，分子運動論的なアプローチは開花し，科学の到達点のうちで，もっとも美しく，遠大な広がりをもつものの 1 つとなった．」
>
> (髙橋他訳『Kac 統計的独立性』 数学書房 2011 年)

少し賛美しすぎのようにも思われるが，内容は常識といってよいであろう．しかし，そのような「遠大な広がり」では満足できず，ボルツマンの試みを，そのまま完璧な数学として実現しようと試みる一群の人々が 1960 年前後から出現する．既に述べたように，まず統計力学の平衡状態を数学的に捉え直し，分子運動を力学系として実現し，その力学系の性質を研究することから，ボルツマンのエルゴード仮説 (またはその修正版) を証明し，さらに，非可逆性やエントロピー増大則を導くというプログラムである．そのような夢が，Sinai から聞いた「ボルツマンの夢」である．

そう聞いて思い出してみると，Sinai の 1950 年代の仕事，測度論的なエントロピー (コルモゴロフ–シナイエントロピー) の定式化，連分数の統計的性質などもこの夢の一部と言えることに気付いた．さらに，すでに 1950 年代に，後に成功して有名になる撞球問題への試みの論文があり，その証明の基礎を築くべく，可算ルベーグスペクトルの理論を作ったことも知った．

この話を聞いたのは，ヤロスラーブリの歴史のある教会を見に連れて行ってもらったときであった．その日は随分早い時間に列車に乗ったという記憶がある．モスクワ市を離れ，乗客も少なくなり始めた頃から，Sinai は急におしゃべりになった．彼らも盗聴や密告には常に注意していたことが実感できた．数学の話や研究の進め方などの話であった．列車を降りて，教会に向けて歩き出し，我々のグループ以外に人がいなくなると，モスクワの科学者の反体制的な署名運動などについても話をしてくれた．自分は署名しなかったが，外国に出られる可能性はないと，そのときは言っていた．一方で，体制側の規制の基準は random walk で，よい方向にも悪い方向にも振れるものだとも言っていた．翌年 4 月にパリ訪問ができたことなどまったく予想していないようであった．伝統あるロシア正教の教会は辛うじて生き延びているような様子であった．それでも数人の信者が人目をはばかるように入ってきて祈っていた．

6　おわりに

数学では，フェルマーの予想やリーマン予想その他の予想の解決を目指して切磋琢磨しつつ，凌ぎを削る分野もあるが，解析学においては，問題は複雑で輻輳しており，明確に「予想」など述べられないことが多い．しかし，ボルツマンの夢のような「夢」はあり，それに突き動かされて研究を展開する人々が確かにいる．

無限次元の保測力学系から，何らかの射影のようなものを作れば，非可逆系が得られるあろうという目論見は，いくつものアイデアが結局功を奏さず，上記の意味での夢は中断したままである．しかし，ボルツマンの夢は，その遠大な広がりから，形を変えて生き続けている．力学系のカオス，流体力学極限などもその形の 1 つであろう．

私自身が興味を抱いた問題もほとんどがボルツマンの夢の一部であったように思う．1979 年に Ruelle の講演を名古屋で聞いて，力学系のカオスの問題にのめ

り込んだときも，気付いてみると，統計力学的な理解が可能かどうかに関心が向かっていた．また，今世紀に入って，フェルミオン過程 (行列式過程) などの定式化を与えたたときも，次にはフェルミ統計などとの関係を考え始めていた．

ジャン・デルサルトへの想い
J. Delsarte

高橋礼司

1 何故デルサルトか?

　学生を前にしての講義を最後にしたのは 1993 年 3 月でしたから，もうずいぶん前のことになります．数学の研究からはなれたのはもっと前ですから，昔自分の専門分野だったことについても今はとんとうといことになっている．それでも昔からの本好きだから本屋通いの癖は抜けず，数学の本とフランス語の本に興味があって，丸の内オアゾの丸善本店 4 階によく出かける．今年 (2010 年) の春三月頃，久しぶりに立ち寄ったときに目についたのが，Valery V. と Vitaly V. という二人の Volchkov 共著の大冊:

> Harmonic Analysis of Mean Periodic Functions on Symmetric Spaces and the Heisenberg Group

でした．何となく手にとって序文を見ると

> 平均周期関数の理論はリトルウッド，デルサルト，ヨーン等の仕事に遡るもので近年力強く展開されている

とありました．

　デルサルトの名前とランク 1 対称空間上での解析 (それが昔の私のホームグラウンドでした) の内容につられて，大枚を投じてこの本を求めて帰ったのですが，デルサルトの仕事とのかかわり合いは，すごく深いように見受けられました．実は私は数年前から，デルサルトの仕事について，自分でも理解を深めるだけでな

写真 1 Jean Delsarte (1903–1968)

く，それを人々に知らせなければならないと感じておりました．1968 年の急逝のあと出版された全集のはじめにあるアンドレ・ヴェイユの"デルサルトの数学的業績について"という素晴らしい文章にも何回か挑戦して，その度に少しずつ理解は進んでいます．

　ちょうどこの頃カナダに住んでいる私の娘がパリ経由で東京に来ていて，デルサルト家の孫娘の一人アクセル・ヴュルムセール (HEC 出身の銀行勤めのキャリアー・ウーマン) が仕事で東京に来るので僕に会いたがっているというのでした．そして 5 月 13 日に実に 20 年振りに再会して，その後のデルサルト家の状況についても知ることができました．こうしてデルサルトの想い出にふけっていた時に，編集部から『この数学者に出会えてよかった』についてのお手紙を頂いたのでした．

　私が東大に行ったのは，そこで彌永昌吉先生の教えを受けたいからでした．またナンシー大学に留学したのはゴドマンの指導のもとに表現論の研究をしたいからでした．しかしそこで私はそれまで，名前も知らなかったジャン・デルサルトという数学者と出会い，その後の私の人生に結局大きな影響をうけることとなった．そこに私は運命的なものすら感じている．

2　数学科に入るまで

　話が先まわりをしてしまったから，もとに戻ってつづけよう．数学者になりたい，数学を自分の一生の仕事にしたいといつ頃から思い始めたのだろうか．旧制の

浜松一中 (今は浜松北高という) に入学して，ユークリッド幾何の洗礼をうけ (それはかなりきびしいものでした)，まだ数学に何があるかも良く知らないままにまず記憶に残っているのが吉岡修一郎の『数のユーモア』という随筆集でした．どうもはじめから私は数学と言葉，外国語とのかかわり合いに関心が深かったようです．その後吉田洋一の『白林帖』——この本の初版はまことに美しいエレガントな本で，中の文章と共に私を魅了してやまぬものでした．この頃の私の大切だった本はすべて 1945 年敗戦直前の空襲で失ってしまったので，今は何があったかすら覚えていない有様です．

ただ林鶴一編纂の和算の大冊がありました．その中に合同関係 $a \equiv b \bmod n$ の説明があって，当時の私には何と面倒なことを考えるのだろうと不思議に思われたことは忘れません．それとスコットの切手型録も大切な本の一冊でした．

さて 1945 年旧制静岡高校理科甲類に合格して，賤機山の麓魁寮に入りました．クラス担任は物理の宇野慶三郎先生で噂によれば，三高時代は同級の湯川秀樹をしのぐ秀才だったそうでした．この宇野さんからは数学者になるのは実に大変なことなのだと折にふれてたしなめられたことが思い出されます．静高の図書館で私は決定的な印象をうける数々の本に出会いました．

第一に彌永先生の『純粋数学の世界』．そしてテオドル・シュトルムの全集．私の属した理甲クラスは第一外国語が英語，第二外国語がドイツ語で，後に駒場で再会する道家忠道先生からドイツ語の文法と平行してハウフの童話『Die Errettung Fatmes』を読まされたのです．随分乱暴な教え方だったにちがいないのですが，私には退屈な英語とくらべて断然面白かった．ただドイツ語の作文というのはいまだに苦手です．数学を教わった湯浅豊五郎先生は，東大数学科の先輩にあたることを後に見出すのですが，当時かなりの御高齢だったはずです．体にピタッと合った服を着こなして，すべての術語を英語で板書される所が，中学までの数学の授業とちがって，新鮮な感じがしたのでした．

私が二年になった頃，一年生に里見という数学好きの人が入って来て，一緒に辻正次『集合論』の輪講をやりました．それが近代抽象数学との最初の出会いであったわけです．この里見君は翌年急逝されて，『集合論』一冊を彼の柩に入れて葬ったのは悲しい思い出です．

三年になった頃，文科丙類が復活して，フランス人の神父さんが授業に来ることとなったのです．その時に使われた教室がたまたま私達理甲三年生の居室であっ

たことをよいことに，私はそこにもぐりこんでフランス語の勉強をはじめました．教科書は東京の暁星中学のものでした．この頃から私は吉田洋一，彌永昌吉の影響でフランスの数学に関心を持ちはじめていたのでした．もちろん小堀憲の『大数学者』も読んでガロアの名も知ってはいました．静高三年間は同級の多くがスポーツに熱中するのをよそに，私は図書館にこもり，実に多くの本を読んだのでした．

3　ナンシーへの留学

念願がかなって東大数学科に進学したのが 1948 年．一級上に佐武一郎，埴野順一，加藤 (後に服部) 昭，清水達雄さんがいました．同級には前原昭二，久賀道郎，工藤昭夫，公田蔵，森本明彦，澤田裕之そして，木下素夫，銀林浩，宇澤弘文という面々がいました．三年生の頃，岩澤健吉先生が，フランスの新進数学者ロジェ・ゴドマンの学位論文『正の定符号関数と群論』についてを講義され，位相群の表現論というものの魅力にとりつかれてしまいました．1953 年大学院 2 年生の時フランス政府の留学生試験に合格出来て，私は迷うことなくゴドマンのいるナンシー大学に留学したのでした．

ブルバキの名前とその初期の二，三冊はすでに知ってはいたのでしたが，当時はまだブルバキは自らのまわりに秘密のベールをはりめぐらしている感じで，そのメンバーが誰で，どう機能しているかなどについてはまったく知られていないのでした．ただブルバキの本拠のナンカゴが，ナンシーとシカゴに由来すること，アンリ・カルタン，ヴェイユ，シュヴァレー，デュドネが中心人物であることなどはうすうす分かっていました．

そしてナンシーに着いて，そこの教室主任格の解析学の教授ジャン・デルサルトが実は創立以来の中心人物であることがわかったのでした．若いゴドマンもセールもブルバキのメンバーで，ゴドマンなどは"もしブルバキのテキストに見たいものがあれば，デルサルトの所にあるステンシルを借りて刷れば良いから"とあけっぴろげなことを私に言って驚かせました．

この 1953 年–54 年の一年をナンシーで過したことは，私のフランスでの見習い時代のまたとないはじめ方であったと今，振り返れば遠いけどなつかしい大切な思い出です．当時留学生はたしか全部で 14 人 (数学の小林昭七，フランス語の福井芳男，大橋保夫，医学の堀内秀 (後のなだいなだです)，彫刻の水井康夫 (後に

彼の作品がナンシー大学の私の研究室のすぐ前に出現したのは偶然とは言えびっくりしました）といった人々がおりました）．私以外の全員はパリに行ったのですが，当然ナンシーでは私以外に日本人はおらず，大学都市に何とか部屋はとれたものの淋しい限りでした．二ヶ月後に日本大使館から招かれてパリに出た時に，堀内君に久しぶりの日本語で，舌がもつれるといって笑われたものでした．学期がはじまる頃ドイツからの数学の留学生ワルデマール・フェルテと知り合いになり，顔見知りも増えてきたのですが，不思議なことにナンシーの数学教室には当時フランス人の数学専攻の学生は一人もおらず，外国からの留学生がアメリカ，カナダ，ドイツそして日本といただけでした．

4 ジャン・デルサルトを知る

こうして私は日本では名前もきいたことのなかったジャン・デルサルトという特異な，偉大な数学者を発見したわけです．しかし当時はそんなことは少しも感じていませんでした．ナンシーの数学教室は，ポアンカレの生まれた家（それは当時薬局となっていました）やクラフの門も近くにある十九世紀の香りのする風格のある建物にありました．当時数学の教授は解析学講座担当のデルサルト，微分積分学担当のゴドマン，力学担当のセールなどがいました．ローラン・シュワルツもデュドネも 1952 年にナンシーを去っていました．毎週土曜日にゴドマンとセールによるセミナーがあって，パリだったらとても出来ない個人的なつき合いが出来たのでした．セールともそんなわけで，以後会えば話をするようになったのでした．彼は必ず "いまは何をやってるの？" と訊ねるのですが，そのおかげで救われたことがあったものです．

ゴドマンはこのセミナーでは後に出版される層の本の内容と，保型関数についての話を隔週で，セールはアンナルスに出たばかりのボレルの学位論文についての彼の個人的な感想をまじえたくわしい解説をしていました．

さて，毎週木曜日 9 時から 12 時までのデルサルトの講義が土曜のセミナー以外の唯一の数学の講義だったのですが，それを聞くのはわれわれ外国人学生数人と助手のグレーゼルぐらいのものでした．この年にデルサルトがした講義は何と連分数論という実に古典的というか，古めかしいというかまったく驚かされたのでした．これは翌春フライブルクから超越数論の大家テオドール・シュナイダーを招く予

定があったためもあったようです．この講義は私がフランスで聞いたはじめてのものであったわけです．その後のパリでいくつもの名講義をきいたものではありますが，音吐朗朗実にすばらしいものでした．デルサルトは自分の担当した解析学の講義について，非常に高い規準を自らもうけていて，ピカールが昔ソルボンヌでしていたように，'毎年新しい講義によって学生達の理解の及ぶ範囲での数学の各分野のひろい展望を与えること' を目指していたとヴェイユは指摘している．

5　東京での再会，そしてふたたびナンシーへ

　デルサルトとの個人的なつき合いはこの頃皆無で，ただこの年の終りに給費のなくなった私に図書室の管理の仕事をすればいくらかの報酬を出せると援助の手をさしのべてくれたことを思い出します．結局私はそのあとパリ大学に移ったゴドマンの指導をうけ続けるべくパリに行き，一旦デルサルトとのつき合いは途切れました．パリで何とか学位を得て東京に帰り，駒場に就職した 1962 年に彼が東京の日仏会館の館長として着任し，日仏会館での様々な催し，デルサルトの東大の講演などいろいろ接触すること多く，テレーズ夫人もまじえての家族ぐるみの交際がはじまりました．しかし数学的な議論はほとんどなく，彼の入院中に一度彌永先生のお伴で松本英也君と共に訪ねたことぐらいしか思いあたりません．

　今彼の全集を読んでいて，私でも議論できることがまったくなかったわけでもないのに，その機会を持とうとしなかったことが悔まれるばかりです．しかし 1965 年から二年間ナンシーに出張し，とくにはじめの一年は彼の代役で講義を一つ持つことになって，実務に関しての彼の実に適切な指導ぶりに驚ろかされました．ブルバキの成功の要因の一つとしてヴェイユがデルサルトの存在をあげていることが，よくわかったのでした．

　このナンシー滞在は振り返って見れば，私の人生に決定的な方向づけを与えたようです．はじめの一年間は当然デルサルトは東京にいたのですが，彼の二人の娘達（シャンタルは建築家ヴュルムセールに嫁ぎ，次女のミシュリーヌは自身眼科医で，私も自分の眼鏡のために随分と御厄介になりました）とは親しく，私の娘がヴュルムセール家の次女クリステルと同年で仲良く幼稚園に通ったのでした．五月に東京に来たのはその姉のアクセルだったわけです．この頃のナンシーにはパリ時代からの顔見知りのノルマリヤンが多く，とくにディクスミエの弟子のピ

エール・エマールとは仕事も興味も共通点が多く，後にナンシー・ストラスブールのセミナーを一緒にはじめることとなったわけです．デルサルトは1965年秋にナンシーに帰って来て，そこで私は一年間彼の教室運営を身近に体験したわけです．しかし相変らず彼とは数学の中身について議論することはなく，今から思うと実に惜しいことをしたものです．

　家族ぐるみのつき合いはますます盛んで，後に私が東京を脱出してナンシーに三度目の滞在を試みることになったのも全くの偶然ではなかったわけです．この当時われわれ若い同僚とのくつろいだ話のあるごとにデルサルトは"これからは君達若者がブルバキを倒さなければならないのだよ"と冗談半分によく言ってました．考えて見ればデルサルト自身は1953年頃にはすでに内規にしたがって，ブルバキの現役からは退いていたわけです．その後のブルバキの傾向がデルサルト自身の志向していたものと徐々にはなれて行くことになったのも一つの理由だったのでしょうか．

　1964年から1年間をデルサルト夫妻はその留守宅に私たちを住ませて下さった．オラトアール4番地のその家にはブルバキの仲間はじめ多くの数学者達が訪れたのだった．夫人が身重の頃デルサルトはもっぱら夫人用にと特別な長椅子を求めた．しかし二人の娘達のいうところでは，結局はその椅子を一番多く使ったのはパパであったそうだ．つまりこの長椅子でのまどろみからデルサルトの壮年時代の傑作の数々が生まれたわけである．その話を聞いた私は，それにあやかりたくしばしば椅子に座ったが，いつでもそれは眠りにと誘うことが早かったから，残念ながら私の数学がそこから生まれたとはどうしても考えられない．

6　デルサルトの数学

　デルサルト自身の数学者としての業績については，彼の全集二巻の劈頭をかざるヴェイユの文章が実にくわしい．解析学者としての彼の仕事は，いわゆる平均周期関数に関するものと opérateurs de transmutation (リオンスはこれにデルサルト作用素と名づけることを提唱している) が著しい．これらについて手短かに解説することは出来ないのですが，『数学辞典』の新版にもこれらについての明確な言明はなく，これを何とかしたいというのが私の数年来の夢でした．いずれも発想は自然で，単純でありながら解析の基本にかかわる事柄と言える．Whittaker–Watson

の本と Watson のベッセル関数についての本の二冊は常に彼の机上にあったといわれ，天性の計算能力の高さは伝説的ですらあって，それは全集の頁を眺めるだけでも如実に感じられる．

ヴェイユが"いかなる直観が彼を導いたのかうかがい知れぬ"と感嘆するほどであった．ちなみにデルサルトは 1903 年生れ，ヴェイユは 1906 年生れで，1922 年にエコール・ノルマルに入学し二人は同室となる．エコール・ノルマルの同級生の有名な例はサルトルとレーモン・アロンが思い出されるが，このデルサルトとヴェイユの友情もそれに劣らない輝きをもっている．ヴェイユについては誰もが知っているが，デルサルトはブルバキの創立にかかわったことくらいしか知られていない．しかしヴェイユはデルサルトの数学を高く評価して，"前世紀の偉大な数理物理学者フーリエ，ポアッソンにまけぬ資質の持主であった"とさえ書いている．

7 1969 年春の追悼の会

デルサルトはフランスでのあの波瀾万丈の 1968 年の後の新学期がはじまるとほぼ同じくして，65 歳の若さで心臓の持病にたおれた．翌年四月東京で IMU 主催の関数解析の国際シンポジウムが催され，フランスからアンリ・カルタン，ローラン・シュヴァルツ，ジャック・ルイ・リオンス等が来日した．当時東京の日仏会館の館長だったナンシー大学医学部のアレクシス・ドランデール教授によって 4 月 2 日デルサルトを偲ぶ追悼の講演会がお茶の水の日仏会館で催された．当時のフランス大使ルイ・ド・ギランゴーも参加され，シンポジウムに参加された数学者も交えて，記念すべき集まりとなった．

私はこのときフランスに脱出する直前で駒場に在籍していたのだが，フランス人達の講演の通訳をすることとなった．しかし眼の前にフランス語の達人，前田陽一先生もいた (昔留学生試験を受けたときの試験官の一人であった!)．カルタンはじめ数学者達の話は数学ガラミのことも多く，なんとか無事にできたのだが，最後に立ったフランス大使は，話の前に概略のテキストを私に渡してくれたのだが，なんと"今まで数学の先生方のお話をきいて，これからお話することは準備してきたものとまったく別のものにしたくなりました"と言って，チラリと私の方をいたずらっぽく見て話をはじめられた．このあとのことはほとんど覚えていない．話のあと前田先生にどうもお恥かしい所をお見せしましたとあやまるのがせい一

写真 2　デルサルトを偲ぶ追悼講演会 (日仏会館, 1969)

(中央は館長 (当時) のドランデール，向かってその右に彌永，カルタン，シュヴァルツ，リオンスの各教授，向かって左にフランス大使ド・ギランゴー，科学参事官ドピュイ氏と筆者．参加されている人々をその後ろ姿から確定するのはむつかしいのですが，よくご存じの方々は，吉田耕作，秋月康夫，三村征雄，角谷静夫といった諸先生を見出されることでしょう．)

杯だった．先生は"あんなに数学のことが一杯出て来る話はとても私の手に負えるものではなく，よくおやりになった"と慰めて下さった．もう 40 年も前になる遠いなつかしい思い出です．このすべてを会場に掲げられていたデルサルトの写真がほほえみをたたえて見守っていた．

この年の秋，私は東大を去って，長い三度目のフランス滞在をはじめたのだった．

デルサルトの仕事の中には，われわれ表現論の研究者の感性に訴えるものがいくつもある．そういったものを一つでも多く見つけて，味うことをこれからの目標にしたいとつくづく思う．

レニングラードでの出会いから

Evgeni Sklyanin

武部尚志

1 出会い

ちょっと道に迷った.

「ありゃ，27 番地は運河の向こう側だったんだ．あっちの橋まで行って渡らないと．」四隅に立派な銅像の立っている橋を渡り，遠回りの末にたどり着いた．「フォンタンカ河岸通り 27 番地，これだ！ なんだ，一回素通りしてたんだ．」

確かに「ステクロフ数学研究所レニングラード支部」と書かれた金属板が無愛想で重そうな木の扉の脇にはめ込まれている．お互いに密着して並んで立っている特徴の無い建物の一つ．勝手に"庭付き一戸建ての研究所"をイメージしていたから，少しはぐらかされた感じだったが，とにかくはるばるソ連に留学して来て到着したレニングラード[1]で初日になんなく憧れの目的地 LOMI (ロシア語名の略称) を見つけられたのは嬉しかった．写真を撮ろう．

「さて，写真も撮ったし，とりあえず帰ってアポ取ってからもう 度来るとしようか．」無愛想な扉は威圧的に「帰れ」と言っているような気がする．そもそも私は日ソ交換留学生としてはレニングラード国立大学所属で，この研究所に来ることは想定されていない．

その時，なぜかはっきりとは憶えていないが，気が変わった．誰か内側から出てきたのかもしれない．「一応，入ってみても良いかな，いくらここがソ連でも，数学研究所でいきなり逮捕されたりしないよね？ 大丈夫だよな？」おっかなびっくり

---

[1] 現在のサンクト・ペテルブルク.

扉を開ける．

　思っていたよりは軽く開いた．防寒のための二重扉の内側を開けると小さく薄暗いホールになっている．入り口に数段の階段があってホールの方が少し高い．暗いし近眼だからよく見えないが，ホールに立っている二人の男がこっちを見下ろしているようだ．こりゃ中でうろついて頼りのクーリッシュ先生を探すのは無理かな．とりあえず守衛所のオバサンに聞いてみようか．

　「誰を探してるんですか？」突然，男の一人が英語で話しかけてきた．う，まずい．が，この状況でこそこそしてもしょうがない．「クーリッシュ教授に会いたいんですが．」「武部さん，忘れたの？ 私がクーリッシュだよ．」笑われた．日本でお目にかかって「今度レニングラードに留学するのでよろしくお願いします」と挨拶したクーリッシュ先生が立っていたのだった．繰り返すが，暗かったし近眼なのです．おまけにクーリッシュ先生，日本に来た時はスーツでビシッと決めてたけど，コート着てベレー帽みたいな帽子かぶると雰囲気がまったく変わるのだもの．

　でもとにかく「すみませんでした．よく見えなかったもので…」と謝ると，クーリッシュ先生，意に介さず，にこやかに「よく来たね，こちらはスクリャニンだ．」それがスクリャニン先生との初対面．1990 年 10 月初めのことだった．

2　スクリャニン先生の数学

2.1　Sklyanin 代数

　L. D. Faddeev（ファデーフ）を中心とするレニングラードの Faddeev 学派は 1980 年前後から量子可積分系[2]を「量子逆散乱法」と「代数的 Bethe Ansatz（ベーテ・アンザッツ）」とよばれる方法で解析し，その研究を一つの源泉として 1985 年に Drinfeld（ドリンフェルト）と神保により量子群という新しい代数構造が発見された．私は 1987 年から 1989 年までの修士課程でこういう話と日本発の（古典）可積分系の理論（佐藤理論）を結

---

　[2]量子可積分系＝量子力学における可積分系．量子力学とは原子レベルのミクロの現象を記述するための物理理論．マクロな現象を記述するニュートン力学などは量子力学と対比する時には「古典力学」とよばれる．「可積分」とは大雑把に言って「きちんと式で解ける」くらいの意味．大部分の物理系は可積分ではないが，背後にきれいな数学的構造が隠れていると可積分になる．したがって可積分系の研究では「きれいに解ける物理系から背後の数学的構造を見つけ出す」ことと「数学的構造を利用して物理系を解く」ことが主な問題になる．

びつけられないかと，Faddeev 学派の結果を勉強していた (修論は目標には遠く及ばなかった) ので，日ソ交換留学の制度が出来たことを知ると早速応募した．一回目は補欠で結局行けず，二回目の応募でなんとか合格して初の外国旅行＝ソ連への留学となったのである．

奇跡的な幸運の重なった初対面の時に，クーリッシュ，スクリャニン両先生は「今度の木曜日にみんな集まるからその時来たまえ」と言ってくれた．喜び勇んで木曜日の朝，指定された通り研究所の五階にやってきた．…，誰もいない．フロア全体に人っ子一人いない．早すぎたか．どの部屋も鍵がかかっているので，森閑とした廊下でポツネンと待つ．あまり不安は感じなかった．

どれくらい待っただろう．最初に現れたのはスクリャニン先生だった．鍵を開けてくれたので中に入るとそこは数人が共同で使っている研究室．「机はどれでも使いなさい．皆，外国へ行ってしまったからね．」

今では考えられないが，1980 年代半ばまでのソ連からは外国へ出かける許可を得るだけでも大変．外国で職を得るなどというのは，亡命して故郷を捨てるといった非常手段を取ることにほぼ等しかった．数学者も「西側」「東側」に否応なく分けられて直接的な交流はなかなか出来なかった．それがソ連・ロシアの数学の独自性を育んだのではあるが….

1986 年に始まるペレストロイカとよばれる改革の結果としてソ連から自由に外国へ出かけられるようになると，多くのソ連の数学者が経済的に苦しい生活 (1990 年前後はソ連・ロシア経済はどん底だった) から逃れて外国へ移り住むようになった．私が留学した 1990 年は数理物理におけるレニングラード学派の大物たちが外国へと流出していく真っ最中で，すでにレシェティヒン，コレピン，タフタジャンといった人達はアメリカへ移住してしまっていた[3]．

とりあえず手近な机に座っていると，だんだんと人がやってくる．タラソフ，キリロフ，イゼルギン，マトビエフ，セメノフ-ティアン-シャンスキー，レイマン，…，と論文で名前を見たことのある人達が続々と現れる．「○○だ，よろしく」とにこやかに握手されるたびに「わぁ，この人があの論文を」とこっそり盛り上がっていた．いや，あまりに多かったので，正直に言うと途中から感覚が麻痺したかもしれない．

---

[3] なお，この翌年 1991 年にソ連は消滅する．

その内に僕の方をチラチラ見ながら立ち話が始まった．「君にどんな問題をやってもらうか話してるんだよ．何がしたい?」「(おそるおそる) 量子逆散乱法や Bethe Ansatz というのを勉強したいと思ってます．」なにしろレニングラードというのは本場ですからね．なんか優等生的答えだが，本音でもある．「あと，楕円型 R 行列というのも聞いたことがあるんで…」

量子可積分系を量子逆散乱法で扱う際に中心的な役割をする量子 R 行列は，その名の通り行列で，ある方程式 (Yang–Baxter (ヤン・バクスター) 方程式) を満たすものとして定義される．これにはいろいろな種類があるが，特に重要で最初に発見されたものに楕円関数[4]型，三角関数型，有理型という一族がある．楕円関数型のあるパラメーターを無限大に飛ばした極限で三角関数型が得られ，三角関数の周期を無限にするような極限で有理型になる．この内の三角関数型は 1985 年に Drinfeld と神保による量子群 (量子包絡環) の発見につながる重要なものである．その親玉の楕円関数型についてはまだ未知のことが多いが，スクリャニン先生はその専門家だという話を聞いていた．

結局，スクリャニン先生が，日本から来た海のものとも山のものとも分からない院生＝私の相手をする役目を引き受けて下さった．そして私にくれた問題が，上で述べた希望ぴったりの「**Sklyanin 代数**の表現を使って 8 頂点模型の Bethe Ansatz を一般化すること」というものだった．

Sklyanin 代数というのは，楕円型 R 行列を使って定義される代数構造で，1982 年にスクリャニン先生が「Yang–Baxter 方程式に結び付いたある代数構造」[1] という論文で導入し，1983 年の論文 [2] でその表現[5]を詳しく解析していた．

1980 年前後には Faddeev 学派の量子可積分系に関する精力的な研究から，R 行列がその「可積分性」の鍵を握っていること，R 行列の性質を調べると昔から知られているリー代数とよばれる代数系の表現が深く関わっていて，その表現論を"変形"したように見えることなどが知られていた．

いくつかの量子可積分系の計算例の背後に『代数構造』を嗅ぎとって，「変形されたリー代数」を定義してしまったのがスクリャニン先生だった．今でこそ「代数の変形」という

---

[4] 楕円関数とは，三角関数の親玉のような関数．楕円の弧長を求める不定積分の逆関数として現れるのでこの名がある．以下では「テータ関数」とよばれる関数もまとめて楕円関数とよんでいる．

[5] ある代数構造を使って対称性を記述できる数学的対象を，その代数構造の表現とよぶ．

のは常套手段，というか食傷するほどお目にかかるが，当時は表現に出てくる行列の研究から，その背後にある「代数」，それも今までに無かった新しい代数構造を抽出する，というのは画期的だった．

ただ Sklyanin 代数は，後から発見された Drinfeld–神保の量子包絡環などに比べると複雑で，量子包絡環の研究がリー代数の研究を範として一気に進んだのに比べて取り残された感がある．特に，XYZ 模型とか 8 頂点模型とよばれる可解格子模型[6]から抽出された構造であるのに，Sklyanin 代数を応用してそうした物理系の研究が進んだとは言い難い．スクリャニン先生が私に出した課題はそうした物理系への応用，1983 年の論文で構成された Sklyanin 代数の表現を使って元の 8 頂点模型の一般化を構成し，それを解け，というものだった．

先生の説明は当時の私にはすぐに分かったわけではないが，今考えると明確に問題のアイディアを述べた後に，実に適切な順番に適切な参考論文をあげて下さった．アドバイスにしたがって，まずは元々の 8 頂点模型についての代数的 Bethe Ansatz の勉強 (Takhtajan–Faddeev の論文 [3]) から始める．それから Sklyanin 代数の原論文にとりかかる．

スクリャニン先生は穏やかな雰囲気の真摯な方だが，論文にもそれが現れている (これは修士の頃に読んだ昔の論文でも感じられた)．大方針は明解に，そしてロシア人の論文には珍しく (と言うと怒られるかもしれないが) 細部も行間を埋めるのが苦にならない程度に書き込んである．初めてやる類の計算なので，計算練習も兼ねて一応細部までチェックし，一ヶ月ほどかかって一通り論文を読み終わった．さあ本番の計算だ．

Sklyanin 代数の計算はひたすらひたすら楕円関数の計算である．楕円関数は美しい代数的・幾何学的構造を背景に持っているのだが，Sklyanin 代数と可解格子模型の計算をするにはそういう構造を愛でるよりは，三角関数の加法定理に相当するよぅな大量の公式を駆使する必要があった．「四つの楕円関数を掛け算して，そういうのを四つ足し算して，それを公式で四つの楕円関数の積に書き直して…」という作業を何週間も延々と繰り返した．扱っているのは大体 2 行 2 列の行列なのだが，成分一つが A4 の紙いっぱいになったりする．

毎日毎日公式表とにらめっこしながらひたすら計算．冬のレニングラードは日

---

[6]結晶格子の数学的モデルの一種．可解とは「きれいに解ける」ということ．

が短くて暗いが、その暗い中で我ながら暗い計算を繰り返す。しかしスクリャニン先生に言われた方向に計算すると、計算違いを繰り返しながらも式が段々とまとまっていくのは快感だった。

が、そのうちに壁に突き当たる。ほとんど最後の段階で、四つの項がまとまりかけるのだが、あと一歩の所でどうしても四つの項の一つだけが公式に乗らなくなる。何週間かその壁を叩き続けたが、とうとう音を上げて先生に「ダメです、どうしてもまとまりません、この項が (複素数の) i 倍だけずれてしまうんです」と報告すると、そんなはずは無いんだが…、と困った顔をされて「三角関数の問題に退化させて[7]、問題を少し簡単にして考えてみたら」とアドバイス。参考になりそうな文献も教えてくれた。

その文献と自分の計算を見比べ、再度三角関数だけで計算してみると…「あれ？三角関数の加法定理と計算が合わない？ なんでだ？」計算間違いの多い私でも、さすがに大学院生になって三角関数の加法定理は間違えない (いや、うっかりすると間違えるんだけれど、見直せば気づく)。「よし、手がかりを見つけた！」違うことがはっきりしている箇所が見つかれば、後はそこから逆に計算をたどっていけば良い。楕円関数の場合にうまく行かなかった原因が分かるはずだ。そして、「分かった！ えーっ！ こんなのありかぁ!?」使っていた楕円関数の公式表[8]に一ヶ所「i」が抜けていたのだ！

スクリャニン先生に報告すると喜んでくれて、この段階で論文を書くことを勧めてくれた。「先生が下さった問題ですから、共著者になって頂けませんか。」「いや、計算したのは君だから、君の単著論文にして下さい。」せっかく有名人と名前を並べられると思ったのだが、仕方がない。こういうところがスクリャニン先生の謙虚で真摯なところである。論文の謝辞には「計算のジャングルの中で道を教えてくれたスクリャニン先生に感謝する」と入れた。

数年後に、この時の計算を発展させた問題で博士論文を書いた。その時の博士論文審査の主査をして下さったのが、他ならぬスクリャニン先生だった。

---

[7] 楕円関数が三角関数になる極限を取ること。

[8] テータ関数を知っている人へ: D. Mumford の Tata lectures on Theta I の θ_{11} の modular 変換の式 (Table V) です。

2.2 変数分離

スクリャニン先生は 1993 年から 1995 年にかけて東京大学に教授として滞在された．助手になっていた私が大喜びしたことは言うまでもない．成田空港に出迎えに行き，日本語の書類の説明をし (今だから言いますが，本来は教授だけが見て助手には秘密にしておくべき人事書類まで「これ何?」と尋ねられたりしたので，学科長の先生に事情を話してスクリャニン先生への配布は止めてもらった)，東京観光案内をし (本郷から徒歩で上野，浅草，隅田川水上バス，と引きずり回して「もう十分だよ」と…)，電車での忘れ物を遺失物係へ問い合わせたことも何回か (結構うっかりさんですね)．もっとも，東大滞在の後半は私以上にお世話する人が現れたのだが，それは後の話．

研究の話に移ろう．スクリャニン先生が東京に二年間滞在しておられる機会を使って私は，先生と共同研究をさせて頂いたり，野海正俊先生，A. N. キリロフ先生[9]とも共同でセミナーをしたりした．共同研究は主に楕円型 Gaudin (ゴダン) 模型の**変数分離**に関するものである．

従来からの代数的 Bethe Ansatz という方法は適用できる系に制限がつく (最高ウエイトベクトルの存在が必要)．スクリャニン先生はその制限を回避するために関数的 Bethe Ansatz という方法を考案し，それのエッセンスを変数分離という形にまとめた．大雑把に言うと，物理系を一次元の問題に分解する方法である[10]．たとえば戸田格子という物理系などに適用していたが，特にうまくいったのが Gaudin 模型という可解格子模型に対するものだった [5]．これは有理関数型の古典 r 行列[11]によって構成される模型で，三角関数型や楕円関数型の r 行列を使った模型も同じ形で構成できる．

スクリャニン先生は楕円関数型の Gaudin 模型に対しても変数分離法を適用しようとされていたので，私も計算のお手伝いをさせて頂いた．が，これがなかな

---

[9] やはりサンクト・ペテルブルクから教授として東京に一年間滞在しておられた．

[10] 数学的に言うならば，古典系に対する変数分離は，ある正準変換を通して保存量をパラメーターとする 1 自由度系に帰着すること．量子系ならば，多変数の D 加群を積分変換で一変数の D 加群の外部テンソル積に分解する，という方法である．どちらも可積分系特有の構造 (Lax 行列の零点，Baker–Akhiezer 関数の極など) を利用しながら正準変換や積分変換を見つける．詳しくは [4] などを御覧頂きたい．

[11] 量子 R 行列のある極限をとったもの．

か大変．もとの(有理関数型) Gaudin 模型の場合に比べて技術的に難しいところがあり，古典力学系についてはなんとかなったが，量子力学系については途中でダウン[12]．結局 (スクリャニン先生がイギリスに移られた後だったが) できたところまでだけで論文 [6] をまとめてしまった．

正直に言うと，不肖私には「確かに変数分離は新しい方法だけれど，そんなに画期的に可積分系の研究に貢献するものだろうか」という疑問があった．楕円関数型の場合は特に計算が複雑な割にはなかなか進展しないのでこの疑問が強くなり，意気が上がらない，だから計算も進展しない，という悪循環もあった．

しかし，見識のある数学者は見どころが違う．1995 年 Frenkel (フレンケル) [7] は，(有理関数型) Gaudin 模型の変数分離が「幾何学的 Langlands (ラングランズ) 対応」(の特別な場合) の構成だ，と喝破した．Langlands 対応というのは代数群の表現論という分野の重要な問題で，本来は整数論的な話[13]なのだが，Beilinson (ベイリンソン) や Drinfeld はその複素数版を (物理の) 共形場理

写真 1　1992 年 4 月 20 日，東大本郷にて (左からスクリャニン先生，武部，野海正俊先生) (長谷川浩司先生撮影)．

---

[12] 「この微分方程式を満たす関数で積分変換すれば良い」というところまで．量子系の場合の目標は「Hamiltonian のスペクトルの決定」なのだが，今もってこの部分はできていない．
[13] 有限体 や p 進体とかを使う話．

論という理論などを使って定式化した．これが幾何学的 Langlands 対応である．Frenkel は Feigin (フェイギン), Reshetikhin (レシェティヒン) と共に [8] で有理関数型 Gaudin 模型を共形場理論の一種 (極限) と見なせることを示しており，その文脈で変数分離を解釈してみせたのだった．

こういうカッコいい話が現れると「柳の下のドジョウ」を狙いたくなる．その後の黒木玄氏との共同研究で楕円関数型 Gaudin 模型についての共形場理論的な解釈などをしてみたが，スクリャニン先生との共同研究での計算の経験がものを言った．(変数分離と Langlands 対応，というのは手が届かない．)

変数分離法は，その後さまざまな方向に応用されて発展中である．

スクリャニン先生の数学を振り返って見ると，感じることがある．Sklyanin 代数の発見も変数分離法の創始も，どちらも物理の問題からいわば「とびきりの原石」を掘り当てているのだ．その原石を，たとえば Drinfeld, 神保, Frenkel といった人たちが，量子群とか幾何学的 Langlands 対応といったきらめく宝石に磨き上げると数学者達は感嘆の声を上げる．しかしスクリャニン先生自身はそうした「磨き上げ」よりは，もっぱら物理的問題という鉱山の現場でつるはしをふるうのを楽しんでいるのだと思う．今も．

3 ちょっと恩返し

さて，いろいろお世話になったスクリャニン先生にささやかながら恩返しをさせて頂いたことも話してしまおう．

先生の奥様は東大の数学図書室に勤めておられた方で，スクリャニン先生が東大におられた時に知り合われた．お二人は自分たちの付き合いに私が気づいていないと思っていた節もあるが，いやいやなかなかどうして幸せは隠せない．「おぉ，うまくいくと良いなぁ」と思っていたが，ある時スクリャニン先生が私に「前歯が折れて緊急に歯医者に行きたい．案内と通訳をして欲しい」と頼みにいらした．「すみません，今忙しいんですよ (ウソ)．代わりの人を探してきます．」もちろん，図書室へ．奥さん (になる方) の上司の方に話をつけて，時間を作ってもらった．多少は役に立ったかな？

写真を探して下さったスクリャニン先生ご夫妻と長谷川浩司先生に感謝します．

写真 2　1998 年 2 月 4 日，リーズ (Leeds, イギリス) の古い建物の地下室で (スクリャニン夫人撮影).

参考文献

[1] Sklyanin, E. K.: Some algebraic structures connected with the Yang-Baxter equation. Funktsional. Anal. i Prilozhen. **16** 27–34, 96 (1982) (ロシア語); Func. Anal. and its Appl. **16-4** 263–270 (1982) (英訳)

[2] Sklyanin, E. K.: Some algebraic structures connected with the Yang-Baxter equation. Representations of a quantum algebra. (Russian) Funktsional. Anal. i Prilozhen. **17** 34–48 (1983) (ロシア語); Func. Anal. and its Appl. **17-4** 273-284 (1983) (英訳)

[3] Takhtadzhan, L. A., Faddeev, L. D.: The Quantum Method of the Inverse Problem and the Heisenberg XYZ Model, Uspekhi Mat. Nauk **34:5**, 13–63 (1979) (ロシア語); Russian Math. Surveys **34:5**, 11-68 (1979) (英訳)

[4] Sklyanin, E. K.: Separation of variables—new trends. Quantum field theory, integrable models and beyond (Kyoto, 1994). Progr. Theoret. Phys. Suppl. **118** 35–60 (1995)

[5] Sklyanin, E. K.: Separation of variables in the Gaudin model. Zap. Nauchn. Sem. Leningrad. Otdel. Mat. Inst. Steklov. (LOMI) **164**, Differentsialnaya Geom. Gruppy Li i Mekh. IX, 151–169, 198 (1987) (ロシア語); J. Soviet Math. **47** 2473–2488 (1989) (英訳)

[6] Sklyanin, E. K., Takebe, T.: Separation of variables in the elliptic Gaudin model. Comm. Math. Phys. **204** 17–38 (1999)

[7] Frenkel, E.: Affine Algebras, Langlands Duality and Bethe Ansatz. In: Proceedings of XIth International Congress of Mathematical Physics, Unesco-Sorbonne-Paris July 18-23, 1994, D. Iagolnitzer ed., Cambridge: International Press, 606–642 (1995)

[8] Feigin, B., Frenkel, E., Reshetikhin, N.: Gaudin model, Bethe Ansatz and critical level. Commun. Math. Phys. **166**, 27–62 (1994)

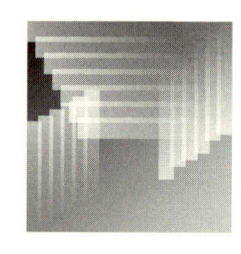

情熱の人 小畠守生

西川青季

　数学との出会いも，結局は人との出会いが大切である．私自身の場合でも

- 大学紛争のときに，数学の研究を目指すことを勧めていただいた先生
- 大学院生のときに，数学の研究への道を指導していただいた恩師
- 自分自身の研究分野を決める上で，先達の研究者として憧れ，大きな影響を受けた数学者
- 共同研究を通して，いろいろな意味で恩義と影響を受けた海外の研究者
- 同世代の研究者で，仲間でありライバルであり，よき友人である数学者

との出会いが，非常に貴重であった．
　いずれの出会いも忘れがたいが，ここでは数学の研究者へと導いていただいた恩師との出会いについて記してみたい．

1　大学院への進学

　私は 1971 年 3 月に横浜市立大学を卒業し，その年の 4 月に東京都立大学の大学院に進学した．横浜市立大学には生物学の勉強を志して入学したが，3 年生のときに大学紛争によりバリケード封鎖が行われ，講義がない状態となった．ちょうどその年の秋に母が亡くなり，大学で講義がないこともあって，私は大阪の実家で家業の手伝いをするために帰省することが多くなった．そのままでは，いわゆる「ドロップアウト」になってしまうところであったが，数学科の浅野洋先生 (当時 35 歳) の勧めで，松島与三先生の『多様体入門』の本だけは読み続けてい

た．そのことが功を奏して，運よく東京都立大学の大学院入試に，数学専攻で合格できたのだと思う．

しかし，大学院に合格したものの正直なところ，とくに勉強したい分野が決まっているわけではなかった．そのため，入学してすぐに「どの先生のセミナーにつくか，届け出るように」といわれたときには，面喰らった．

その当時，東京都立大学の幾何学には，微分幾何学に教授として小畠守生先生，助教授として大森英樹先生と荻上紘一先生，そして位相幾何学に助教授として加藤十吉先生がおられた．このうち小畠先生と大森先生は外遊中だったので，荻上先生と加藤先生の研究室を訪ね，「セミナーでどのような勉強をするのか，またどのような研究をされているのか」を聞いて回った．しかし，どちらの先生のセミナーを選んでも，やっていける自信がもてなかった．

届け出の期限が近づいてきた頃，数学事務室で「小畠先生は 4 月末には外遊から戻られ，5 月からセミナーを始められる」ことと，すでに前田吉昭君 (現慶應義塾大学教授) と南波直さん (修士修了後，富士通に入社) の二人が小畠先生のセミナーを希望していることを知った．その年の修士 1 年生は 8 人だったので，「独りきりでセミナーにつくよりは，同級生の多い方がゼミの順番があたる回数も少ないのでは」と考え，私も小畠先生のセミナーを希望すると届け出た．

5 月の連休に入る前に横浜市立大学に出かけ，浅野先生に「小畠先生のセミナーにつくことにした」と報告すると，「厳しい先生だから，ゼミでは絞られるかも」と脅かされ，おっかなびっくりであった．

2　大学院でのセミナー

小畠先生 (当時 45 歳) のセミナーは，5 月の連休明けから始まった．セミナーには，前田君，南波さん，私のほかに，東京都立大学から東京学芸大学の大学院に進学した松山善男君 (現中央大学教授) も参加し，メンバーが 4 人ということで，私は内心少しほっとした．

第 1 回目のセミナーで，小畠先生から申し渡されたことは「セミナーの時間は 1 時間，またノートを見ながら発表することは厳禁」ということであった．「数学の講演は 1 時間が基本だから，いまから訓練しておいた方がよい．1 時間以上かかるのは，時間が足りないのではなく準備が足りないからだ」ともいわれ，ゼミで

の発表経験の少なかった私には，時間もノートを見ないことも共にプレッシャーであった．

セミナーのテキストには，最初から論文が選ばれ，1970 年に Annals of Mathematics に掲載されたばかりの R. S. Kulkarni の論文 "Curvature and metric" を 4 人で輪読することとなった．私のゼミの順番は 3 番目であったが，論文で使われていた H. Weyl の定理を引用した途端，「その定理をここで証明できますか」と質問され，立往生した．私は，ワイルの共形曲率テンソルとよばれる有名なテンソルの定義式を，添字を用いずに長々と黒板に書いたのだが，先生の指摘は，添字を利用したテンソル計算の手法を使わず

写真 1 1972 年 大浦天主堂にて

に，ワイルの見いだした複雑なテンソルを発見することは不可能に近いということで，「ワイルが流したのと同じだけ，計算で汗を流す必要がある」という注意でもあった．

セミナーは小畠先生の研究室で行われ，ゼミ発表は 1 時間であったが，その後ディスカッションの時間があった．「論文で証明されている結果をどう解釈するのか」ということをつねに訊ねられ，閉口した．いずれにせよ大変緊張するセミナーであったが，7 月位になると少し雰囲気が変わってきた．

ディスカッションの終わりの頃になると，我々の 1 学年上だった佐々井崇雄さん (元首都大学東京准教授) や荻上先生，後には外遊から戻られた大森先生などが，小畠先生の研究室に顔を出されるようになり，書棚の奥からウィスキーの瓶 (サントリー・ホワイトやニッカ・ノースランドであったように思う) なども現れて，リラックスした雰囲気のなかで，数学の問題を肴に多種多様な議論が交わされた．私にとって，そのような議論についていくことは至難の業であったが，数学の問題の考え方や別の角度からの定式化など，研究対象としての数学への取り組み方を教わったのは，このアフターセミナーであった．

私が微分幾何学の勉強を始めたのは，このように決して主体的ではなく，多分に成り行き任せであったが，小畠先生の場合は全く違っていたようである．

3 人の縁の不思議

これは後年，小畠先生から伺った話である．先生は 1947 年 3 月に熊本の旧制第五高等学校を卒業し，東京帝国大学に進学された．理学部数学科の学生時代は苦学され，家庭教師のアルバイトをいくつも掛け持ちされたそうである．家庭教師先の多くは，学生掲示板の張り紙で見つけられたとのことだが，なかには受験生ではなく社長さんの個人教師など，条件のよいものもあったそうである．

さて 2 年生のときに，ある家庭教師先のご主人から「君は数学を専攻しているそうだが，親戚の角谷静夫という数学者が，ちょうど家に泊まっているから会ってみませんか」といわれたとのこと．角谷静夫氏は当時すでに著名な数学者であり，学部 2 年生からみれば雲の上の存在であった．恐る恐る「これからどのような数学を勉強すればよいか」と訊ねたところ，「最近 S. S. Chern という中国人の幾何学者が，大域的微分幾何学で大変すばらしい研究をしている．幾何学はこれから局所的な研究から大域的な研究に変わっていく．もし私が君のように若ければ，微分幾何学の研究を志すでしょう」と答えられたとのこと．小畠先生の記憶によれば，「角谷先生は，チャーン先生の名前をフランス語読みで，シェルンとおっしゃっていた」とのことであるが，この角谷静夫氏の一言で，小畠先生は微分幾何学の研究を目指されたとのことであった．

ところで，角谷静夫氏 (昭和 9 年東北帝国大学卒，元イェール大学教授) は，1940 年に H. Weyl の招きでプリンストン高等研究所の研究員となられたが，第二次世界大戦が激しくなったため 1942 年に日本に帰国，その後 1949 年にプリンストン高等研究所に戻られている．一方，S. S. Chern がプリンストン高等研究所に招かれたのは 1943 年であり，彼の有名な論文 "A simple intrinsic proof of the Gauss–Bonnet formula for closed Riemannian manifolds" が Annals of Mathematics に掲載されるのは 1944 年である．小畠先生によれば「角谷先生との出会いは全くの偶然であった」とのことであるが，その当時世界の数学がいかに動いているかを知る数少ない日本人であった角谷静夫氏の慧眼が，小畠先生に微分幾何学の道を選ばせたわけである．

微分幾何学の研究を志した小畠先生は，3 年生のときに矢野健太郎先生 (当時 37 歳) のセミナーを選ばれた．セミナーでは最初から論文を読まれ，その論文も自分で選ばれたとのことである．第 1 回目のセミナーの打ち合わせで，「1931 年に出

版された H. Hopf と W. Rinow の論文 "Ueber den Begriff der vollständigen differentialgeometrischen Fläche" を読みたい」と申し出たところ, 矢野先生がセミナーに集まっていた人達に「小畠君はこんな古い論文を読むそうだよ」と紹介されたので, さすがの先生も「何かとんでもない間違いをしたのではないか」と落ち込まれたそうである.

Hopf-Rinow のリーマン多様体の完備性に関する論文を読み終わった後, 続けて 1931 年に出版された G. de Rham の論文 "Sur l'analysis situs des variétés à n dimensions" を読まれたそうであるが, 小畠先生より 5 学年下の高橋恒郎先生 (現筑波大学名誉教授) の話によれば, 高橋先生が矢野先生のセミナーにつかれたときには, 矢野先生から Hopf-Rinow と de Rham の論文を読むように指示されたとのことであった.

東京大学卒業後, 1951 年に小畠先生は東京都立大学の助手になられた. 「勉強して給料がもらえる身分の有り難さ」を痛感されたとのことである. 助手になって 5 年ほど経った頃, 矢野健太郎先生から「そろそろ学位論文をまとめては」と勧められ, 超ケーラー構造と同等の概念を独立に定義し, 現在「小畠接続」とよばれている標準接続の存在を証明した論文を短期間のうちにまとめられ, 学位論文として矢野先生に提出された. しかし, 矢野先生はその当時大変に多忙で, 不幸にも小畠先生の学位論文はしばらくの間, 矢野先生の机の上で眠ったままとなってしまった.

ちょうどその頃, 東北大学の佐々木重夫先生が, 所用で矢野先生の研究室を訪ねられた. 佐々木先生は, 矢野先生が席を外された際に, たまたま机の上にあった小畠先生の論文に目を留められ, その内容に大変興味をもたれた. 矢野先生に「小畠君にもう学位は出されましたか. もし未だなら, 東北大学で出してもよいのですが」とおっしゃったとのことである. この佐々木先生の一言で, 矢野先生も腰を上げられ, 無事東京大学から理学博士の学位が授与された.

私自身の学位論文の主査は, 落合卓四郎先生 (当時東京大学教授, 現日本体育大学教授) であるが, 小畠先生からは「学位は足の裏についたご飯粒のようなもの. 取らなくても済むが, 早く取った方がすっきりするよ」と励まされた. また 1972 年の秋, 東北大学の助手の公募に応募した際は, 小畠先生に佐々木重夫先生宛の推薦書を書いていただき, 佐々木先生から内定の知らせを受けた.

4　月曜セミナー

　修士のセミナーでは，R. S. Kulkarni の別の論文を読んだ後，1968 年に出版された S. S. Chern の極小部分多様体に関する講義録 "Minimal Submanifolds in a Riemannian Manifold" を輪読した．その後，小畠先生は矢野健太郎先生の還暦記念論文集の編集に忙しくなられ，セミナーの方はしばらくお休みとなった．その代わりに，「月曜セミナーに出席するように」と指示された．

　月曜セミナーは，小畠先生が東京都立大学で毎週月曜日の午後に主催されていた研究者用のセミナーで，大森先生や荻上先生だけでなく，東京都内や周辺地域の大学からも多くの先生方が参加されていた．セミナーは非常に自由な雰囲気で，終了後，都立大学や自由が丘の駅前で講演者の先生を囲んでの食事会があることも多く，大学院生もよくこれに付いていった．

　小畠先生は，フルブライト・プログラムで 1958 年から 2 年半イリノイ大学に滞在されたが，その折 1960 年にアリゾナ大学で開催されたアメリカ数学会のシンポジウム "The Third Symposium in Pure Mathematics, Differential Geometry" に出席され，微分幾何学の新しい潮流を体験された．そこには「トポロジーと微分幾何との壁はなく，幾何学の自由な世界があった」と強く実感されたそうで，その理想を月曜セミナーで実現されようとした．1963 年に Atiyah–Singer の指数定理が発表され，大域解析学という分野が形成されていく時代でもあった．

　小畠先生はイリノイ大学滞在中から，共形変換の問題に付随して現れる微分方程式とリーマン多様体のラプラス作用素の固有値問題を研究され，コンパクトなリーマン多様体のリッチ曲率にある制限があるとき，ラプラス作用素の固有値が最小になるのは球面に限ることを証明され，1962 年にその証明を発表された．引き続き，射影変換に付随して現れる微分方程式に対しても同様の定理を証明されるわけだが，「小畠の球面定理」として有名なこれらの研究は，この大域解析学の流れにあったものといえる．

　私が月曜セミナーに出るようになった頃は，志賀浩二先生 (当時東京工業大学) や青本和彦先生 (当時東京大学) などがセミナーで話されており，これらの先生方の話や大森先生の話から大きな刺激を受け，当時盛んになりつつあった大域解析学の息吹を感じた．

　この月曜セミナーで，後に私の研究テーマとなる調和写像に関する話を聞いた

かどうかは，記憶が定かでない．よく憶えているのは，修士 1 年の冬に 1 学年上の加藤隆大さんから「大森先生から勧められた論文だけど，興味ありませんか」といって，1964 年に出版された J. Eells と J. H. Sampson の論文 "Harmonic mappings of Riemannian manifolds" の青焼きコピーを手渡されたことである．しかし当時の私には，この論文はまったく歯が立たず，青焼きコピーもいつしか無くしてしまった．

私が実際に調和写像に興味をもつようになるのは，1975 年に D. Epstein 教授の招きでウォーリック大学を訪れた際，廊下で出会った J. Eells 教授から，ブリュッセル大学で受理されたばかりの L. Lemaire 氏の学位論文 "Applications harmoniques de surfaces" をいただいたのがきっかけである．これも不思議な回り合わせである．

5 幾何学賞の設立

小畠先生は，50 歳で私立大学に移ることを理想とされたが，2 年遅れて 1978 年に東京都立大学を退職し，慶應義塾大学に移られた．そしてその頃から，しだいに「幾何学賞」の設立について考えられるようになった．

日本数学会幾何学賞は，幾何学の発展に寄与することを目的として設立された賞で，幾何学における目覚ましい研究業績や，長年にわたる重要な業績の累積，著書等によって後進へのよき指針を与えたこと等を授賞の対象とし，毎年 2 件以内の受賞業績が選ばれている．小畠先生がこのような賞の設立を考えられた動機の一つは，「数学の人の履歴書には大抵賞罰なしと書かれているが，他の学科の人の場合は，いくつか受賞の記録があることが多い．馴れ合いはよくないが，あるグループでよい仕事をした人を称賛するための賞が，数学にも必要ではないかと強く感じた」ことにあったそうである．

日本数学会の理事会で承認され，幾何学賞が発足するのは 1987 年のことである．その当時まで，日本数学会の賞は 1973 年に設立された彌永賞 (現日本数学会賞春季賞) のみであった．したがって，幾何学賞の設立までの道のりは，予想されることとはいえ，平坦ではなかった．

実際，同国人の研究業績を正しく評価し顕彰することは，意外に難しいものである．そのような伝統が根付いていなかったためと思うが，幾何学賞の設立に対

しても,「そのような賞は人を差別することにつながりかねない」,「賞ができても幾何学が発展するとは思えない」などの反対意見が聞かれたそうである.

　幾何学賞の特徴の一つは,この賞が幾何学の発展を願う研究者の寄付金で運営されていることである.設立時に十数名の方が醵金され,現在までに40名を越える方々が寄付をよせられている.このように,特定の寄付金によらずに,有志による自発的な基金で幾何学賞が運営されているのは,とても素晴らしいことではないだろうか.

　この幾何学賞の設立に腐心されているさなか,定期検診で食道癌が見つかり,小畠先生は1985年に慶應義塾大学病院で手術を受けられた.私が知る限りでも,その後2回の手術を受けておられるが,先生は手術に対してもつねに前向きに考えておられたように思う.病魔と闘いながら,日本数学会発行の『数学辞典(第3版)』の編集に携わられ,幾何学賞を創設された情熱と精神には,敬服するばかりである.私はこのような数学者と出会えたことを誇りに思う.

　2006年6月に小畠先生の傘寿を祝う会が開かれた.その折に慶應義塾大学でのお弟子さん達から伺った話では,小畠先生は慈父のような存在であったようだが,私にとっては,情熱の人・不屈の人という印象が強い.このお祝いの会から半年後,小畠先生は心筋梗塞のため80歳で永眠された.私は,奇しくも12月25日に開かれた幾何学賞委員会に出席した後,翌日の告別式に参列した.

写真 2　1984年 羽田空港にて

古希に思う
J. G. Thompson

原田耕一郎

1　ゴレンシュタイン，鈴木通夫，ファイト逝く

　ハワイからの飛行機は予定時刻よりもかなり早く到着したようだった．念のためにと，ひとつ早い電車で成田に向かったのだが，空港に着いて，電光掲示板を見てびっくりした．かなり余裕があるはずだったのに，もう便は到着しているのだった．この分なら，旅券検査，荷物の受取りなどを済ませて，すぐこちらに向かって出てくるだろう．ひとつ早い電車で来て本当によかったと思った．

　まもなく，背の高いトンプソンが，小さいボストンバッグをひとつ持っただけで現れた．他に荷物はないと言い，大きな手を私の肩にかけてくれた．トンプソンは，私の故郷の浜松で開かれた退職記念集会に来てくれたのである．浜松まで新幹線で行き，普通に乗り換え弁天島で降り，タクシーで研修センターまで行った．そして，集会の後，京都，広島，宮島，姫路へとトンプソンを案内した．1週間ではあったが，忘れられない時間が過ぎて行った．2006年の3月下旬のことである．

　こうして会うのは，2002年秋に行われたトンプソンの70歳記念集会の時以来であるから，3年半の時が流れている．あまり長いとは言えない3年半の歳月が，私にはそれ以上に長く感じられたのは，その間にファイトが顔面に生じた癌のために，発病後1年3ヶ月で死んだということがあったからだろう．そういえば，1992年に69歳で死んだゴレンシュタインも肺に腫瘍が見つかってから2ヶ月余り命があっただけだった．そして，それから数年後の1998年1月には，日本が生んだ，有限群論の最大の研究者であった鈴木通夫が同じく癌になってしまった

のである．診断後，鈴木先生はただちに日本に帰国し，東京都内で入院し，4ヶ月の闘病の後亡くなった．同年5月末のことだった．

　こうして群論界は，その頃生きていた研究者の中では最大貢献者の4人，ファイト，ゴレンシュタイン，鈴木通夫，そしてトンプソンのうちの最初の3人を次々に失うことになってしまったのである．ゴレンシュタインは亡くなる前の1991年の夏，私の勤務していたオハイオ州立大学の談話会に来てくれた．彼の講演はゴレンシュタインがライアンズとソロモンの協力を得て，数年ほど前から研究を続けていた「有限単純群の分類の再構築 = Revisionism」に関するものだった．分類の再構築に関しては，ゴレンシュタインは，1979年の夏，サンタクルツで開かれた学会でも私にその計画を話してくれた．アメリカ数学会主催のその学会は，夏期学校とも呼ばれ4週間続いた．日本からも数人の参加者があった．

　この1979年のサンタクルツ夏期学校は，1974年の札幌シンポジウムとともに有限群論研究者の記憶に残るすばらしい研究会であった．トンプソンはそのどちらにも参加している．あれから30余年を経たのであるが，それら2つの研究会の成果，そしてその思い出は今なお語り継がれている．1974年の札幌シンポジウムは，有限単純群の分類は完成させることが出来るかもしれないと研究者が希望を持ち始め，その具体的な方法が議論されていた頃開かれた．それから分類に必要な結果が次々と発表され，そのわずか5年後に開かれたサンタクルツ夏期学校の頃には，単純群分類は基本的結果がすべて出揃い，分類終了は時間の問題と思われていた．そして，1981年には，有限単純群の分類が終了したことが宣言されることになるのである．

　ただ，分類終了の宣言はなされたものの，必要な論文が完成された形ですべて発表されたわけではなかった．中でも「準薄群 = quasi-thin group」と呼ばれた単純群の分類の論文が未完成のまま残され，その仕事は，それから20年も経てから，別の2人の研究者によって発表されることになったのである．21世紀になっていた．こうしてゴレンシュタインが主導した有限単純群の分類は名実とも終了するのである．しかし，その終了の事実をゴレンシュタインも鈴木通夫も知ることはなかった．また，ファイトですら，完成され印刷された論文を自分の目で見ることは出来なかったと思う．

2　ブラウアーの方法

　ともあれ，数学史上でも有数の大事業であった有限単純群の分類は，一応終了することになったのだが，その思想的な道筋を示したのが，ブラウアーであり，それが方法論的にも可能であることを示したのが，トンプソンである．1950 年代なかばから 1960 年にかけての仕事であった．まず，ブラウアーが「位数 2 の元の中心化群が与えられれば，それを持つ単純群の同型類は有限個に限る」ということを示した．そのような単純群の位数には上限があることを具体的に示したのである．しかもその証明の原理は簡明なものであった．

　x と y を群 G の元でともに位数が 2 であるとしよう．そのとき，x と y で生成された G の部分群 $\langle x, y \rangle$ は 2 面体群となる．ブラウアーはただそれだけの事実を有効に使って，求める結果を得たのである．x と y が位数 2 と 3 の元であっても，また，ともに位数 3 の元であっても，それらから生成された群 $\langle x, y \rangle$ の構造は多種多様で統制はできない．もちろん，ともに位数が 2 の場合だけ簡明な 2 面体群になるという事実は以前から知られていたであろう．しかし，ブラウアーが注意するまでは，その事実が群全体に強い影響を及ぼすことに誰も気がつかなかったのである．

　ブラウアーは，その方法が単純群の分類 (と発見) に有効であることを示すために，$PSL_3(F_3)$ と書かれる単純群の位数 2 の元 t の中心化群を持つ単純群を考察した．結果は $PSL_3(F_3)$ と 11 次のマシュウ群 M_{11} の 2 個だけとなる．ブラウアーによるこの「実験的な」結果の意味は大きかった．それは，位数 2 の元の中心化群を与えればそれを持つ単純群の構造を決めることが実際に出来ること，そのような単純群の同型類の個数はとても小さい数であろうこと (ブラウアーの例では 2 個，単純群分類の結果を見れば最大 3 個)，そしてさらに重要なことに，線型群 $PSL_3(F_3)$ から出発して，例外的な単純群であるマシュー群 M_{11} が得られることなどが分かったのである．

　有限単純群の発見とその分類はこのブラウアーの 2 つの論文によって出発したのである．そのころ彗星のように現れて群論界の話題をさらっていったのが，トンプソンである．トンプソンは，もっとも基本的ながら，難問中の難問と思われていた「フロベニウス核のベキ零性」を証明したのである．それが彼の学位論文でもあった．

3 フロベニウス群

フロベニウス群について少し説明しよう．G を任意の有限群とするとき，G の元 g に対して，$\phi_g : x \to gx$ とおけば，ϕ_g は集合 G の上の置換となる．それらの置換全体の集合 $\{\phi_g \mid g \in G\}$ は，写像の合成を積として，G と同型な群をなす．これを G の正則 (置換) 表現という．通常 ϕ_g と g, ϕ_G と G は同一視する．G の任意の 2 つの元 x, y に対して $yx^{-1} \cdot x = y$ だから，群 G は集合 G 上可移に作用する．また，$gx = x$ となるのは $g = 1$ のときに限る．すなわち，集合 G のひとつの点 (集合の場合は元のことを点と呼ぶことが多く，ここでもそれに従う) を固定する群 G の元は単位元に限る．これを少し変えて次の条件を満たす群を考える．

> 有限群 G は集合 Ω の上の (正則ではない) 可移置換群とせよ．また，Ω の任意の 2 つの点を固定する G の元は単位元に限るとせよ．このとき，群 G をフロベニウス群とよぶ．

(正則ではない) という意味は，1 点を固定する部分群は単位群ではないということである．いかなる群も正則表現を持ち，それ自身は興味の対象にはならない．さて，

$$H = G_\alpha = \{g \in G \mid g(\alpha) = \alpha\}$$

と定義しよう．すなわち，H は Ω のひとつの点 α を固定する G の元全体からなる部分群である．G は Ω の上に可移であるから，H の構造は $\alpha \in \Omega$ のとり方には依存しない．また，K を G の元で Ω の点をひとつも固定しないもの全体からなる G の部分集合とする．ただし，単位元 1 は K に含めるとする．すなわち

$$K = \{1\} \cup \{G - \bigcup_{\alpha \subset \Omega} G_\alpha\}$$

である．部分集合 K の基数 $|K|$ は容易に計算できる．α, β を Ω の異なる 2 つの元とすると，仮定により，$G_\alpha \cap G_\beta = \{1\}$ だから，

$$|K| = 1 + (|G| - |\Omega|(|H| - 1) - 1) = |\Omega|$$

となる．ここでほぼ自明な等式 $|G| = |\Omega||H|$ を用いた．また，$H \cap K = \{1\}$ から $G = KH$ が従う．

実例を調べてみると，K は必ず G の正規部分群になっている．そのことを一般的に証明したのがフロベニウスである．K は定義からは G の単なる部分集合であるが，フロベニウスは，彼が創始したばかりの群の表現論を用いて，K を群 G のある表現の核としてとらえたのである．1901 年のことであった．また，K はフロベニウス核と呼ばれようになった．この結果はそのすぐ後の 1904 年に証明されるバーンサイドの $p^a q^b$-定理「p, q を素数とするとき，位数 $p^a q^b$ の群はすべて可解である」とともに，表現論による手法がすばらしく効果的であることを示した．しかし，フロベニウスとバーンサイドという二人の巨人が研究の第一線から退いた 1910 年頃からは，1920–30 年代のホールやザッセンハウスの研究を除けば，群論は沈滞期に入り，そして第二次世界大戦後，爆発的な研究活動が始まるのである．ブラウアー，鈴木通夫などがそのリーダーであった．

4　ザッセンハウス群

当時は単純群の分類そのものは実現可能とは思われていなくて，まず知られている単純群をその性質 (部分群の持っている性質とか置換群としての性質，等々) により特徴づけることが始まった．一番簡単な構造を持つ (非可換な) 単純群は無限系列 $G = PSL_2(F_q) = PSL_2(q)$ である．これは体 F_q の上の 2 次元特殊射影線形群と呼ばれている．G は $q+1$ 個の点の集合 Ω の上に 2 重可移で，しかも Ω の任意の 3 点を固定する G の元は単位元に限る (通常，2 点を固定する部分群は単位群ではないとする)．このような性質を持つ群は 1930 年代にザッセンハウスによって研究され，著しい結果が得られていた．そのような 2 重可移群はその後，ザッセンハウス群と呼ばれるようになり，それが知られているもの (単純群ならば，$G = PSL_2(F_q)$) に限るだろうとの予想のもとにその特徴づけが始まった．

G を n 個の点を持つ集合 Ω 上のザッセンハウス群とし，$\alpha \in \Omega$ に対して $F = G_\alpha = \{g \in G \mid g(\alpha) = \alpha\}$ とおく．このとき F は $n-1$ 個の点 $\Omega \setminus \alpha = \Omega - \{\alpha\}$ の上のフロベニウス群となる．ゆえに，β を Ω の α と異なる元とし，$H = G_{\alpha,\beta}$ すれば，$F = KH$ となる．ここで，K はフロベニウス群 F の核である．群 G の構造はもちろんその部分群 F の構造に大きく依存する．フロベニウスの定理により K は F の正規部分群であるが，その構造はまったく分かっていなかった．しかしすでに述べたようにトンプソンがその学位論文で K がベキ零群

であることを証明したのである．1960 年のことであるから，フロベニウスが K が正規部分群になることを示してから，ほぼ 60 年を経ている．

5　トンプソンの学位論文

　構造がまるで分かっていなかった正規部分群 K がベキ零群という可換群に近い群になってしまうのであるが，そのこと自体は予想されていた．フロベニウス補群と呼ばれる部分群 H の元を $h \neq 1$ とすると，h は K の上に共役で作用するが，K の単位元以外の元を固定しない．このことを「H は K の上に固定点なしに作用する」という．特に $h \in H$ の位数を素数 p とすれば K は固定点なしに作用する素数位数の自己同型を持つことになる．これは著しい性質なのであり，経験則で K はベキ零群であろう，との予想はされていたのである．ただそのことを証明するための手がかりがまったくなく，群論の難問とされ，トンプソンが出現するまで半世紀以上も経ってしまったのである．トンプソンの学位論文は 23 ページであるから，長いものではない．

　私は学部 4 年と修士の頃，週 1 回の駒場ゼミに出ていた．リー環論，環論，それらの表現論が中心であったが，有限群論のこともあった．私もゼミで何か話すことにし，トンプソンの学位論文「有限群の正規 p-補群」(Normal p-complements for Finite Groups, Math. Zeitschr. 72, 332–354 (1960)) を読み始めた．この論文の主定理の帰結として「フロベニウス核のベキ零性」が得られるのである．しかし，トンプソンの学位論文は私には難しすぎて読み続けられなかった．その論文から 1 ページだけ図示しよう (図 1)．それから分かるように，群 G の 26 個もの部分群が表示されている．そのように複雑に絡み合う部分群構造が最終的な結論へと導いているのである．

　さて，どうしようと困っていると，先輩の近藤武さんが，最新の『Journal of Algebra』誌 (1964) に新証明が発表されていると教えてくれた．見てみると，自分にも読めそうであった．それが駒場ゼミにおける私のデビューだったと思う．トンプソンの新証明はたった 4 ページの論文で見事なものであった．よいアイディアさえあれば，60 年間もだれも解くことのできなかった難問が短い論文で解けてしまうのである．学位論文の中でトンプソンが行った多くの複雑な部分群間の考察が，新証明では真に結晶化された形でなされていると言えよう．1960 年の学位

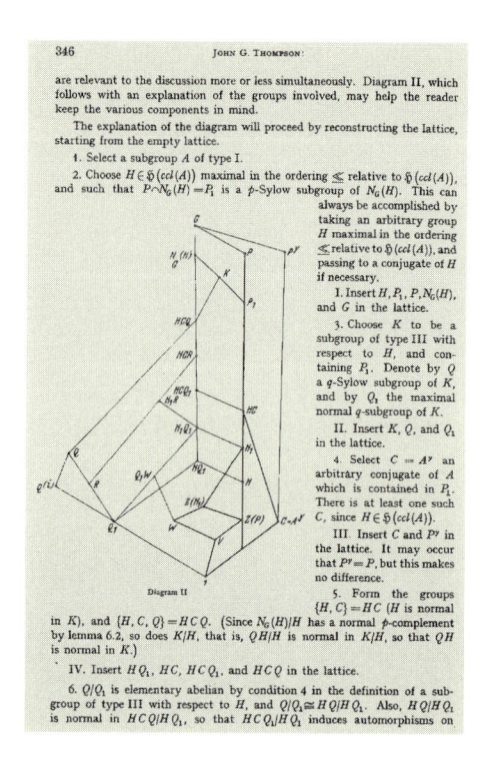

写真 1　トンプソンの学位論文中の 1 ページ, Math. Zeitschr (1960)

論文の手法そのものは，その後大きく取り上げられることはなかったとも言えるが，1964 年の論文の手法はその後の有限群論の方向を大きく変えることになる．ブラウアーの 1954 年のアムステルダム国際数学者会議における報告の中の 2, 3 ページとトンプソンの 1964 年論文を合わせても数ページほどである．そこで述べられた群論の考え方がその後の群論を大きく変えてしまったのだった．

6　奇数位数の群

　駒場ゼミではこのトンプソンの論文 (Journal of Algebra, 1964) の次に，鈴木通夫の論文を読んだ．"On a class of doubly transitive groups" という題で，伊藤昇もファイトも同じ題で論文を書いている．ザッセンハウスによって始められたザッセンハウス群の分類はこうして，伊藤，ファイト，鈴木によって完成された

のである．私の指導教官は岩堀先生であったが，先生はそれらの結果を熱っぽく話してくれた．私もその頃には，有限群をやろうと決めていた．駒場ゼミではその次にファイト・トンプソンの「奇数位数の群の可解性」の論文を読み合うことにした．第1章，第2章を読むころは参加者も数名はいたのだが，第3章に入ってからは，近藤武，八牧宏美と私の3人になってしまった．3人は相当の覚悟を持って読み始めたのであるが，論文の半分程度まで読み進んだだけだった．あれからもう半世紀近い年月が経っている．読むのに苦労したと3人が今でも思い出しながら，語ることがある．また一方で，その論文を満足するようには読めなかったということが，今でも私には重荷となっている．

それは，「奇数位数の群はすべて可解である」という事実の数学的理由がよく分からないからでもある．「フロベニウス核のベキ零性」のように証明を結晶化することはできないものだろうか．有限群論を研究する者として，私自身の無能力さを感じながらも，トンプソンにしかそれはできないだろうとも思い，成田から浜松への電車の中で，そんなことを話してみた．トンプソンは「もうできてもよい頃だと思っている」とだけ答えた．ファイトの思い出がまだ強く残っていたのであろうか，私の退職記念集会の講演では，トンプソンは「奇数位数」論文ではどのようなところに苦しんだかを話してくれた．

トンプソンはその講演でファイトとの仕事を述べた後は，今はまったく新しいことを考えていると言っていた．それは，$SL_2(\mathbb{Z})$ の無限次元表現を通して，リーマンゼーター関数 $\zeta(s)$ の零点を次々に (すべて) 構成していくというものだった．私が35年間教鞭をとっていたオハイオ州立大学では，2, 3年ごとにザッセンハウス講演と名付けられた6時間の連続講演が行われている．トンプソンはそのシリーズのひとつとして2009年3月に講演をした．私はその時6ヶ月の予定で台湾に滞在していたのであるが，1週間の休暇をもらいオハイオへと飛んだ．76歳であったが，トンプソンは熱意を込めて，自分の研究課題を語ってくれた．ただ最後の段階が理論化できていなくて，計算機に頼っているところが不満のようであった．トンプソンとはその後3, 4ヶ月その仕事に関してメールを交換したが，今は途絶えている．最近，元同僚のソロモンからトンプソンがフロリダ大学を正式に退職し，その記念集会も行われたとの知らせを受けた．急なことでソロモン自身も行くことができなかったと残念がっていた．

写真 2　浜名湖にて，2006 年 3 月

7　思い出すこと

　トンプソンのことは思い出せば限りがない．私はプリンストンには 1968–70 年の 2 年間滞在したが，あるときトンプソンの学生だったライアンズから手紙をもらった．位数 64 の群の生成元と関係式が書いてあり，その群の性質についての質問だった．私は，それはホール・シニヤーの表の何番目の群であると，他のことはまったく書かずに，その番号だけを書き送ったらしい．ずっと後になってからライアンズが「あれにはびっくりしたよ，しかし，トンプソンは感心していたよ」と言ってくれた．
　また，1973–74 年の 1 年間ケンブリッジで過ごしたことも自分の数学者としての人生にとって大きかった．オハイオに就職したばかりで，海外研究など自分から申し出ることなどはできなかったが，まだ駆け出しの私をトンプソンが招待してくれたのである．1973 年の夏は，私はカリフォルニア大学バークレー校での 2ヶ月のワークショップに出ていた．そして，そこからイギリスへ飛んだのである．トンプソンはロンドンのヒースロー空港まで迎えに来てくれた．そのケンブリッジまでの車の中でフィッシャーの新単純群のことなども話してくれた．だんだんと近

づくケンブリッジの町，そしてこれから1年間のトンプソンのいる大学での研究生活．それらのことで熱くなっていたに違いない．

　数学者として40年余り過ぎたが，27–29歳のときのプリンストンの2年間と32–33歳のときのケンブリッジの1年間がもっとも思い出のある時期であった．残りの30数年はその3年間に得たものを，数学的にも精神的にも糧として，研究を続けてきたような気がする．そしてトンプソンと会わなかったら，数学者としての私の多くは存在しなかったと思う．40年という時間を通してそう思う．研究者仲間は，先生であり，先輩であり，後輩であり，友人であり，同僚であり，また競争相手でもある．しかし，トンプソンには，その仕事の質と私自身ができることの差から，近づくことすらできないほどの尊敬と畏怖の念を持ってきた．そのトンプソンが，レンタカーまでしてケンブリッジから私の家族をヒースロー空港まで迎えに来てくれたこと，また，イギリスに1年居たときには，私は角膜の移植手術を受けることになったが，トンプソンはロンドンのかなり南にあった病院まで見舞いに来てくれたこと，そして両眼に包帯をされて，何も見えない私にやさしく話しかけてくれたことなど，ずいぶん私的なことだが，私の記憶から消えることはない．人と人との出会いの不思議さを感ずる．そしてこうなった運命に感謝している．

数学者とはどうあるべきか

Hugh Morton

村上 斉

1 初めに

私は，1995 年の 4 月から一年ほど英国のリバプール大学に滞在しました．英国の EPSRC (Engineering and Physical Sciences Research Council) 研究員 (日本学術振興会の外国人特別研究員のようなもの) として，ヒュー・モートン (Hugh Morton) さんに招待された (と言うより押しかけた) のです．英国には 1992 年に一年間ケンブリッジで過ごしたことがあるので，2 度目の英国長期滞在でした．ケンブリッジのときと同様，家族 4 人 (妻，当時 7 歳の娘，3 歳の息子と私) で過ごすことになりました．

住んだのはリバプール (Liverpool) からマージー (Mersey) 川をはさんだ南側のウィラル (Wirral) 半島にあるウェスト・カービー (West Kirby) という町でした．モートンさんには，一年間過ごす家 (同じくリバプール大学のウォール (Wall) さんの奥さんの持ち家を借りました) と同時に娘の通う小学校 (St. Bridget's Primary School) の手続きもしてもらいました．おかげで英国生活を楽に始めることができました (とはいえ，一年過ごすとなるともちろんやるべきことはいっぱいあるのですが)．

ウェスト・カービーは本当に住みやすい町でした．町は高級住宅地のようで，ヨットハーバーやゴルフコース (ロイヤル・リバプール・ゴルフ・クラブ) がそばにありますし，リバプールの中心 (大学も町の中心にあります) まで電車で 30 分で行けます．また，住んでいたアパート (英国流にいえばフラット) は，駅から歩

いて20分くらいでしたが，その途中にアシュトン・パーク (Ashton Park) という公園があり，そこにはアヒルのいる池や，ボーリング広場 (日本で言うボーリングではなくて，芝生の上でボールを投げて行なう遊びです．日本で言うとゲート・ボールのようなスポーツです) などがあり，散歩ついでに大学に向かう日々でした．

不満といえば，そのあたりの方言が我々が思っている英語とはずいぶん違っていることくらいでした．もちろん，日本で標準的に教えられている米語と，英国で一般的に使われている英語はずいぶん違いますが，それともまた違っています．もっとも驚いたのは，ウェスト・カービー周辺では "H" を「ヘイチ」と読むことです．まあ，言われてみれば "H" はハ行の音を表す記号ですから，読み方にもハ行の音が入って「エイチ」ではなく「ヘイチ」となってもよさそうなものですが．これには英国国民も戸惑っているようで，いつも見ていたクイズ番組 (リバプールのそばのマンチェスター (Manchester) にある放送局で製作されていたらしい) の，司会者を含む出演者全員が "H" を「ヘイチ」と読んでいると言って苦情が寄せられていたほどです．そのせいで，娘も "H" は「ヘイチ」であると固く信じていて，中学に入って本格的に英語を学習するまではそのままでした (ちなみに，当時娘が小学校で行った遠足の様子を，日本の友達に伝えるべく手紙を書いているときに，"North Wales" の "th" は日本語でどう書くの，と聞かれた時には戸惑いました)．

生活面でのお世話のみならず，モートンさんには数学者とはどうあるべきかということを教えてもらいました (「教えてもらった」と言うのは正しくなくて，私が勝手に Morton さんを見て見習おうと思ったことです)．これから，そのことについてお話したいと思います．

2 数学の研究とは

私は (自分では) 数学者だと思っています．職業としては大学教員ですから，授業等の大学の仕事をしたうえで，(というかその合間に) 研究をしているのが現状です．

それはともかく，数学者とは何をする人のことでしょうか？ もちろん，数学の研究をする人のことですが，では，数学の研究とは何でしょう．研究の中心は「論文を書いてそれを発表すること」です．「発表」には，学術雑誌への発表や研究集

会等での講演に加えて，近年ではインターネットによる配信という形態があります．研究集会での発表は，種々の数学者との意見交換などの機会にもつながる大事な方法です．また，インターネットによる配信は速報性が高く，また，世界中の数学者と交流が図れるという意味でもこれまた大事な方法です．学術雑誌への発表というのは，以下に述べるように結構時間のかかる (ときには数年という) 作業ですが，恒久性という意味と，研究者としての評価を得るという点で，もっとも重要な発表方法です．前の 2 つの方法に比べて読者の方にはあまりなじみがないと思いますので，「論文を書いてそれを発表すること」がどのような過程を経るかを説明しましょう．

一般的に，学術雑誌に論文を一篇発表するためには，

(i) 論文を書き，

(ii) 論文を雑誌に投稿し，

(iii) 雑誌の編集者が査読者を選び，論文を査読者に手渡し，

(iv) 査読者が論文を詳細に検討し，

(v) その結果を編集者に伝え，

(vi) 査読者の意見に基づいて編集者 (あるいは編集会議) が掲載を決定し，

(v) (不備があれば修正の上) 雑誌に掲載される，

という経過をたどります (もちろんこれは，掲載可の場合で，そうでなければ (vi) の代わりに掲載不可となり，(必要なら修正を加えた上で) 別の雑誌に投稿する，つまり (ii) に戻ることになります)．これでお分かりのように，一篇の論文のために少なくとも編集者，査読者という 2 人の数学者の手を煩わすことになります (「煩わす」という言葉は適当ではないかもしれませんが，たいていこの作業はボランティアで行なっていますので，「煩わしい」というのが多くの人の本音でしょう)．

また，論文というのは学術雑誌に掲載されて終わりではなく，その後，評論誌に評論が掲載されます．数学の評論誌で代表的なものはアメリカ数学会が発行している Mathematical Reviews (以下 MR) とヨーロッパ数学会等が発行している Zentralblatt für Mathematik und ihre Grenzgebiete (以下 Zentralblatt) があ

ります．これらの雑誌に掲載される評論も，ボランティアの数学者によって行われます．

ですから，一篇の論文には，(著者と編集者を除いて) たいていの場合，査読者 (掲載雑誌)，評論者 × 2 (MR と Zentralblatt) という 3 名の数学者がボランティアとして関わることになります．つまり，論文を書くだけでなく，査読・評論の仕事をしないと数学界は成り立たないことになります．

以上説明したことに気付いたのがモートンさんのおかげです．

3 数学に対するモートンさんの姿勢

モートンさんは，論文を書くという観点からの数学者としてもちろん一流の人です．それ以外の点について，モートンさんが数学に臨む姿勢をご紹介しましょう．

まず，先ほど説明した数学者のボランティアの仕事についてです．最近インターネットのおかげでこういうことは大変楽になったのですが，モートンさんは，ほぼ年に一度の頻度で論文を執筆し，それを上回る頻度で MR と Zentralblatt に評論を掲載しています．また，査読は匿名で行なわれるので明らかではありませんが，かなりの数をこなしていると思われます．

このようなことを実践するのはなかなか簡単なことではありません．論文を書くのは，もちろん大変なことですが，これは自分の好きな分野について，自分の頭の中から出てきたものを文字 (や図) に表す作業ですから，(少なくとも私には) 楽しみながらできる作業です．これに対し，査読や評論は，しばしばあまり得意ではない分野に関する論文を，他人の考えを追って読み進めなければならないので，(これも人によるので一概には言えませんが) かなりの苦痛を伴います．特に，査読はその結果が著者の評価に直接関わってくるだけに，慎重さが要求されます．論文に述べられた結果が正しいことを調べることは当然として (間違っていることが読者の想像以上にあります)，その論文の価値を見極める必要があります．正しいかどうかは，丁寧に読めばわかると思うかもしれませんが，論文の著者は，その論文に書かれている内容を「知りすぎている」ことが多く，証明が省略されていたり，ひどいときには定義されていない記号や術語をいきなり使われたりします (自分も同じことをするので言い訳をすると，ある分野で当たり前に使われている論法，記号，術語が，ごくわずか分野が異なるだけで知られていなかったりし

ます).また,当該論文だけでなくそれ以前に発表された論文 (学術雑誌に掲載されたものだけでなく,インターネット配信されたものなども含みます) をできるだけ調べて,その論文の価値を見極める必要があります.

評論については,査読ほど厳密に確かめる必要はないのですが,より幅広い視野が必要とされます.これは,評論誌の目的が,紹介されている論文を読む価値があるかどうか,また,その論文に書かれていることを大雑把でよいから知りたいという需要をみたすことだからです.

こういった仕事を定期的にこなしているモートンさんは称賛に値する数学者だと思います.少しでもまねができればと思いつつ肝心の論文すら書けない現実に慚愧の念を新たにする日々です.

また,前節で書いたように自分の研究内容を研究集会等で発表することも,研究活動の一環です.特に,国際研究集会では世界中から集まった研究者を相手に丁々発止のやり取りを行なう必要があり,英語の得意ではない私などは気が重いことがしばしばあります.ところが,出席者の中にモートンさんがいると,少し気が楽になります.それは,モートンさんが (特に,私に限らず説明が下手な発表のときには) 質問のふりをして巧妙に講演内容を説明してくれるからです.特に,たどたどしい英語で説明した内容を,すっきりとした英語で表現してもらうとずいぶん助かりますし勉強にもなります.このあたりは,私には決してまねができません.私は自分の興味の赴くままに講演者や聴衆・司会者の都合も考えずに質問をしてしまいますから (司会者にとって質問はありがたいのですが,それで講演に予定されていた時間が超過すると大変困ります).

モートンさんは,教育者としても立派な活動を行なっています.研究集会で会うたびに違った留学生を紹介してくれます.

以上説明したモートンさんの数学に対する姿勢は, (有名なアマチュア・ゴルファーのチック・エバンスのお母さんの言葉「ゴルフで得たものはゴルフに返す」ではないですが),「数学で得たものは数学に返す」を実践しているようです.

4 終わりに

数学以外でもいろいろモートンさんには教わりました.

かつて, W.B.R. Lickorish 著『An Introduction to Knot Theory』という

英語の教科書を共同で翻訳したことがありました．そのとき，"It can initially be but tasted if it seem onerous." という一文に，はたと翻訳が止まってしまいました．"but" を接続詞と取ると文の構成が分からなくなりますし，"seem" に "s" がついていないのも (誤植の可能性も秘めて) 不気味です．辞書とにらめっこをして (電子辞書やインターネットを使っている人にはわかりにくい表現ですね)，"but" は "only" と同じ意味の副詞で，"seem" は仮定法現在の用法であると結論付けた上で，ようやく「もし，厄介であると思われるなら，最初のうちは味わう程度にしておいた方がよろしかろう」と訳したのですが，今一つ得心がいきません．翻訳してしばらくしてから，モートンさんに会う機会があったので聞いてみました．すると，彼は流暢な英語で (わざわざ断るのも失礼ですね) 朗読してくれました．きちんと切るべきところを切って抑揚を正しくつけると，驚くほど文の持つ感じが伝わるものですね．やっぱり言語は音から入るのだということを実感しました．

リバプールと言えば多くの人がビートルズを思い起こすことでしょう．私もご多分にもれずビートルズが好きなので，モートンさんにストロベリー・フィールド (Strawberry Field) とペニー・レイン (Penny Lane) に連れて行ってもらいました．ペニー・レインを歩きながら，クリケット (何というか，一見すると野球のようなスポーツですが，途中でお茶の時間があったりしてのんびりしたゲームです) のルールを教えてもらったのですが，さっぱり分からなかったのがよい思い出です (その後，子供が 3 人だけで「草クリケット」をしているのを見て，ゲームの本質が見えたような気がしました．何事もそうですが，複雑になる前の原初的なものを見ると本質がつかめることがよくあります)．

5 2011 年 3 月 11 日以降

と，ここまで書いたところで 2011 年 3 月 11 日東北地方太平洋沖で大地震が起こりました．3 月 21 日から 25 日の間に，スイスで開かれる研究集会に出かける予定があるので，それまでに前節までの内容をもう少し膨らませて，仕上げをしようと思っていたのですが，それどころではありません．今，スイスから帰ってきて書いています．

元々の予定では，3 月 20 日に成田を出てフランクフルト経由でジュネーブへ，それから列車を乗り継いで開催地のレ・ディアブルレ (Les Diablerets,「小悪魔

写真 1 レ・ディアブルレからジュネーブに向かう電車の中での息子 (向かって左) とモートンさん (右)

達」という意味だそうです．そういえば「美少女仮面ポアトリン」の敵がディアブルでしたね) に着くはずでした．ところが，ルフトハンザが成田空港を使わなくなり，中部国際空港からの出発になったとの連絡があり，そのままではフランクフルトでの乗り継ぎが間に合わないので一日遅れで現地到着の予定になりました．念のため前日に中部国際空港に向かい，空港の人と話し合った結果，1 時間後にでる成田行きの便に乗り，香港経由チューリッヒ行きに乗り継げばジュネーブに元々の予定より早く着くとのことでしたので，せっかくチェックインしたホテルをチェックアウトし (「40 秒で支度しな」by ドーラってなもんです．あっ，料金はルフトハンザ持ち)，『太陽にほえろ』のテーマソングを BGM に，飛行機に飛び乗りました．

　何とかジュネーブにたどり着き，会議場のそばのホテルに行くと，もちろん質問攻めでした．

　モートンさんにもお会いしました．大学 1 年の息子を連れていったのですが，「最初に会ったときはこんなだったのに」と，生後半年の息子を思い出しているようでした．また，「今うちには猫がいないんだ」と，妻に向けた伝言も忘れていませんでした．前にお宅に伺ったときにいた猫は 18 年もの長寿だったそうです (人間で言うと 90 歳くらいらしいです)．そのあと，昼休み (12 時から 17 時まで! 理

由は想像にお任せします) の間中，今度は数学について話し合いました．次の日の朝食では，マーマレイドを食べて「うーん，まあ，マーマレイドだね」と言っていました (イギリス人はマーマレイドが好きです．でも海外に出るとおいしいのが手に入らないので，瓶詰めのマーマレイドを旅行に持って行く人がいるようです．日本人にとっての梅干しですかね)．

6 もう一度，終わりに

今回の震災で，我々数学者に何ができるかと考えました．すぐにできることはそんなにないのですが，普段から数学的なものの考え方を身につけることが大事であることを再認識しました．例えば，人体に影響を与える放射線量を測る単位にシーベルトがありますが，報道される単位が，マイクロ・シーベルト毎時やミリ・シーベルト毎時になると理解できない人が多いようです．マイクロやミリのような接頭辞の使い方や毎時などの考え方は小学校で習うはずですが，定着していないようです．安全な社会を作るための基礎としての数学の教育や研究も大事ですが，私も含めて数学者はもっと社会に数学的考えの有用性を示していくべきです．

子供の目

Maxim Kontsevich

村瀬元彦 (Motohico Mulase)

1　まえがき

　数学者との出会いはすなわち数学との出会いです．ここでお話しするのは，それまで親しんで来た数学とはまったく違う視点に出会い，それ以降の研究がすっかり変わってしまった，そんな大きな転換を私にもたらした出会いについてです．

　さて数学者とはどんな種類の生き物なのでしょうか？　私も高校時代や大学初期には将来何になろうかと考えを巡らせました．1970 年代初期は，まだ優秀な高校生がこぞって医学を目指した時代です．でもその頃医科大学や医学部の増設が異常なスピードで行われていて，そのうちパンク状態になることは確実でした．そんな中で医者になってもしょうがないな，と思ったものです．それでいろいろな分野をかじってみました．数学のみならず，物理学，化学，分子生物学，地学，法学，経済学，政治学，それにいらんことに神学まで!

　中学でかけ算の分配則やユークリッドの互除法を習ったとき，小学校で教わっていたかけ算や割り算の筆算法がなぜ正しい答えを出すのかが初めて分かり，すごくうれしく感じたことを思い出します．そんなことに喜びを感じる子供がいるというのは不思議なことですが，でも確かにいるのです．そのうちなぜ分配則が正しいかが疑問になり，ペアノの公理から始めてデーデキントの切断に至りました．ポアンカレの『科学と仮説』を読んだのは中学 2 年の時でした．そこでは数学的帰納法のすごさが強調されていました．でも，「3 次元の回転には必ず不動の軸がある」という命題には納得がいきませんでした．スピンしている球を別の軸に

そって回し続けたら中心だけが不動だと思ったからです．これは私がポアンカレのいう回転を等速回転運動の合成だと誤解したからで，彼の命題はもっと単純なことでした．ニュートンの『自然哲学の数学的原理』を読んだのもその頃でした．学校で習っていた平面幾何が天体の運動を解明するのに役立つことを身をもって知り，ニュートンの描く世界に吸い込まれていくような感覚に襲われたものです．

　法学，医学，経済学，政治学，神学，等々というのは大人の学問です．いたずら好きで楽しんだ子供時代を振り返り，一生子供でいたいというのが実は本音でした．しかし生涯子供でいようとしたら二つの道しかありません．ピーターパンになるか，あるいは数学者になるか．というわけで私はいつの間にか数学者になっていました．

　いままで世界の 20 以上の国や独立地域を訪れ，いろいろな数学者と交流を持ちました．もちろん違ったタイプの数学者はいるのですが，いつも感じることは同じです．数学者の多くは，海岸できれいな貝殻やすべすべの石ころを見つけては喜んでいる子供のような存在なのです．

2　ボン，マックス・プランク研究所

　1991 年 9 月から 1 年間，私はアメリカを離れてドイツに渡り，ボンにあるマックス・プランク研究所の研究員として滞在しました．世界中から人が集まる中心的な研究所に 1 年もいればいろいろな出会いがあります．奇しくも大学時代に同窓だった二木明人さん (二木不変量で有名) と 10 年ぶりに再会し，我々の奥方たちが滞在中に女の子をほぼ同時期に出産する所まで同じという一風変わった同窓会を 1 年続けたりもしました．我々の滞在の始めには，やはり大学で同窓だった整数論の村瀬篤さんもいました．彼はドイツ語が堪能なので，奥方達二人をケルンのオペラハウスに連れて行ってもらうことにしました．「二人の身ごもった女性をオペラに連れてくるなんてみんな君のことを一体どんなやつだと思うだろうなあ」と言って送り出したものです．

　1 年の終わりにはプリンストンで知り合ったアーマン・ボレル教授とばったり出くわし，彼にいきなり「今まで 1 年いたの，それともこれから 1 年いるの?」と聞かれ，「これから帰る所です」と答えると，なんと「それじゃこの 1 年にやったことを話してみなさい!」なんてまるで口頭試問みたいに聞いてきます．もちろん

渡りに船，こちらも機関銃でまくしたてるように代数曲線間の写像に対応する一般プリム多様体をハイゼンベルグ型 KP 方程式系で特徴づける，できたばかりの私の定理を説明すると，真剣な顔でじっと聞き入っている．説明が終るとボレルは納得したようにうなずいて突然にっこりし，「君がとっても有意義な 1 年を過ごしたことがよく分かった！」と言って走り去っていきました．

このように様々な出会いがあった中で，私のそれ以後の研究を決定的に変えることになったのはマクシム・コンツェヴィッチとの出会いでした．彼はその頃たった数週間でウィッテン予想を解いた天才として大数学者の道を歩み始めたところでしたが，現実には博士論文を書いている最中の大学院生だったのです．

ウィッテン予想は，コンパクト化されたリーマン面のモジュライ空間のコホモロジー群の生成元の交点数が満たすトポロジーの関係式が，浅水波解析に現れる非線形波動方程式のひとつである KdV 方程式と同じものだ，ということを主張します．この予想は，代数幾何，代数トポロジー，微分幾何，複素解析，可積分系理論，非線形波動，無限次元リー環の表現論等にまたがるスケールの大きな数学で，しかもその由来はストリング理論，量子重力理論，共型場理論といった当時最先端の理論物理学にあるのです．もちろん私も大いに興味を持っていました．

マックス・プランク研究所に着いたその日のうちに，コンツェヴィッチがウィッテン予想を解いた，というニュースを耳にし，純粋数学，応用数学，理論物理を自由自在に駆使できる天才とはどんなやつだろうと思いを巡らせていました．さすがにウィッテン予想には歯が立たなかったのでしてやられたという感じはありませんでした．一体誰にこんなことができるんだろう，と興味津々だったのです．

1991 年 9 月のある日，コンツェヴィッチが突然私のオフィスに入って来て，黒板に式を書きました．

$$\int_{\mathcal{H}_M} \exp\left(t_1 \mathrm{tr}(X) + t_2 \mathrm{tr}(X^2) + t_3 \mathrm{tr}(X^3) + \cdots\right) dX \tag{7}$$

そして，「これは KP 方程式系の解だと思うんだけど，そういう結果を知らない？」と聞くのです．私は，「知っているか知らないかというだけの質問なら答えは簡単．知らないよ．でもその $\mathcal{H}_M$ ってのは何だい？」と聞き返しました．「ああ，それは $M \times M$ のエルミート行列全体の集合で，dX はその上のルベーグ測度だよ．」「そんなら，一番簡単な $M = 1$ の場合に本当に KP 方程式系の解になってるのかど

うか試してみたらいいんじゃないの？」と答えると、「ああ、それはいいアイディアだね！ちょっとやってみる．」といって、入って来た時と同じように忽然として消えてしまいました．

その翌日、彼はまた私の部屋に現れ、「$M=1$ の場合は正しいよ．」というので、「どうやって分かるの？」と聞くと、「だって先週くれた君の KP 理論の論文に書いてあるじゃない！」といいます．すっかり驚いて、「ぼくの論文？」と問い返すと、「コピーを持ってる？ ほら、ここだよ．」と言って指し示したのは、ある形の 1 次式の指数関数の有限和が KP 方程式の解になると書いてある部分でした．「でもこれは有限和だよ．」と言うと、「そんなのリーマン積分に持っていけばきのう書いた式の $M=1$ の場合になるでしょ．」との答え．なるほど、随分自由な発想をする人だな、と感じました．

同時に、コンツェヴィッチがものすごい勉強家であることも分かりました．彼が KP 理論のことを知りたくて数日前私の部屋に来たのが初対面でした．そのとき書きかけだった私の『KP 方程式の代数的理論』の草稿を渡したのです．ウィッテン予想を解いたとはいえ、KP 理論のことはあんまり知らないんだな、という印象を持ったことを憶えてます．でも数日のうちに彼は、私が知っていることをすべて私以上に深く理解してしまったのでした．

ここまでくると、私も本気になってきました．それで、当時遂行していた研究課題 (例の一般プリム多様体とハイゼンベルグ型 KP 系との関連の追求) が暗礁に乗り上げていたこともあって、本気になってコンツェヴィッチの書いた行列積分 (7) が KP の解であるかどうかを調べることにしました．数週間のうちに、二つのまったく違った証明が得られました．ひとつはちょっと不思議な行列式の公式を発見し、それを使って計算で (7) が佐藤グラスマンの点に対応することを示す、という方法です．二つめはコンツェヴィッチの発想に従って、広田のソリトン解の公式をリーマン積分に拡張し連続無限ソリトン解を導けば、それがそのまま行列積分 (7) になることを示したものでした．私がこういったことをやっている間、コンツェヴィッチはどこかに旅行中でした．しばらくして帰って来ると、久々に私の部屋に現れ、「ごめんごめん、あんなの KP の解にはなっていないよ．もちろん理由があってあの予想をしたんだけど、その理由そのものが実は間違ってた．だから KP だってのも違うと思う．」と切り出しました．それで私は「もう遅いよ．だって証明できちゃったんだもん．」と答えると、「えーっ！」彼も本当にびっくりし

たようでした．

　それでこのことを発展させて行列積分を使った KP 方程式の解の変換理論を構築し，共著の論文にしようということになったのですが，残念ながらそれは幻の論文になってしまいました．今思い返してどうして仕事を完成させなかったかを考えてみると，やはり私にはコンツェヴィッチのウィッテン予想を解いた論文がチンプンカンプンまったく分からなかったというのが根本的な原因だったのだと思います．分からないことだらけだった中で，特に気にかかったのはさりげなく出てくるラプラス変換でした．「なんでこんな所にラプラス変換が出てくるんだ？それは一体何をしてるんだ？」その答えに出会うのに，じつに 20 年近い歳月がかかるとは当時思ってもみませんでした．

　ある日，コンツェヴィッチと彼の先生のザギエとがコンピュータ室で盛んに議論していました．何を話しているのかと思ったら，当時はまだ最新のゲームだったテトリスの攻略法についてでした．ナーンだ，こいつらも子供だったんだ，と思ったものです．コンツェヴィッチと二人でボンの街を歩いていた時，裏道に面した古いワイン屋を見かけ，入ってみました．明らかに潰れそうな店で，奥には 15 年もホコリまみれで店ざらしになっていたボルドーワインがただ同然の値段で売られていました．私が「もしダメだったら酢を買ったと思えばいいしね」と言うと，ニヤニヤしながら「絶対確実，それは酢だよ．」との応え．どうせ安かったので買って帰りました．その日は二人でそのワインを存分に楽しみました．どういう運の巡り合わせか，それは最高級品でした．天才の予想もワインには当てはまらないことを悟りました．

3　初心は忘れるべきか

　数学者としての始まりの時に何をテーマに選ぶかはかなり偶然が作用します．大して能力のないように見える人でもたまたまよい課題に巡り会えばたちまち大向こうをうならせるような大結果を出すことがあります．一方で，ものすごくよくできる人がよい課題に恵まれず才能を埋もれさせてしまうという例も数多く見られます．私の場合，幸いに若くして渡米し大数学者たちを横目に見ながらがむしゃらに勉強したおかげで，100 年来未解決だったショットキー問題を KP 方程式系を使って解くという結果を渡米後 1 年あまりで完成することができました．この

結果は代数幾何，整数論，そしてストリング理論や共型場理論関係の物理学者たちの間で評判になりました．当時私はゲージ理論に出てくるヤン–ミルズ方程式を可積分系の立場から調べるという研究をしていたので，なぜショットキー問題なんかに手を出したのかと言われてもまったくの偶然だったとしか言えません．佐藤幹夫先生の KP 理論そのものは既に 2 年かけて勉強してはいました．ただそれに関しては全然何の結果も出してはいなかったのです．

　20 代半ばで 2 年も勉強して何の結果も得られなければ今の時代ならかなり焦るのでしょうが，あの頃は別にそういった憂鬱な気持ちにはなりませんでした．1982 年当時滞在していたバークレー数理科学研究所 (MSRI, Mathematical Sciences Research Institute) にはチャーン，アティヤー，シンガー，ウーレンベック，ヤウ，タウベス，シェーン，ハミルトンといった蒼々たる数学者や，まだ学生だったダン・フリードやフレア (フレアホモロジーを発見したものの数年後に自殺) が滞在していて，日夜数学の議論を続けていました．私もシンガーやフレアとはよく数学の話をしました．アティヤーの集中講義には戦慄を覚えるほど感激しました．講義の内容はまだ論文すら完成していなかったアティヤー–ボットのシンプレクティック商の話題でした．そんな中にいると，研究なんて簡単で，何でもそのうちできてしまうような気になるのですね．若い時に苦労しろと言うのはだから間違っている．若い時にこそ大数学者やその卵たちがじゃんじゃん仕事している現場にいて，いい結果を出すことなんてお茶の子さいさい，という雰囲気に浸ることが大切なのだろうと思います．

　問題は，たまたまよい結果が出せたとして，その後どうするか，です．私の場合ショットキー問題解決のあと 10 年ほどは同じような問題意識と同じような手法を用いて同じような結果を出していました．確かに始めの結果に比べればそれはいろいろな拡張を与えるもので，より大きな理論になっていった，ということはできます．でも見方を変えればそれはすなわち先細りということに他ならない．自分で専門砦を構築し，自分をその中に閉じ込めている．年もとってくるので，一城の主として引きこもったってちっともかまわない．でもそうするうちに世の中から遠ざかってしまう．そんな時にマックス・プランク研究所で順風満帆の航海に出たばかりのコンツェヴィッチに出会うという幸運に恵まれたのでした．

　19 世紀末に KdV 方程式やブシネスク方程式など後に「ソリトン方程式」とひっくるめてよばれるようになる非線形波動方程式が発見された当初から，それら

とリーマン面との間には不思議な関係があることは分かっていました．この関係を顕著にしたのはクリチェーヴェルです．彼は 1970 年代に，リーマン面からくるリーマンのテータ函数を使ってソリトン方程式の解を系統的に与える公式を導いたのでした．導いた，といっても，じつはいろいろ計算してみるとそうなっている，といった程度のことだったようです．2010 年にクリチェーヴェルから聞いた話では，テータ函数が KP 方程式の解を与える式を初めて先生のノヴィコフに見せたところ，「それは公式 (formula) なのか，それともただの表示式 (expression) なのか？」と問いつめられたそうです．それがノヴィコフ予想定式化の発端となったのでした．

さて 1980 年頃私が頭を悩ませていたのは，一体どうしてリーマン面がソリトン方程式の解を与えるのか，という問いでした．上に述べた KP 方程式というのは，いろいろなソリトン方程式をその特殊化として内蔵した，いわばソリトン方程式の生成函数に当たるものです．ソリトン方程式の典型的な例である KdV 方程式は 2 変数函数 $u = u(x,t)$ に関する非線形 3 階方程式

$$u_t = \frac{1}{4}u_{xxx} + 3uu_x \tag{8}$$

です．添字は微分を表します．これがソリトン解を持つことはよく知られています．ここで，進行波解を求めるために

$$u(x,t) = -f(x+ct) + \frac{c}{3}$$

とおきます．この c は波の速度を与える定数です．これを KdV 方程式に代入して 1 変数函数 f に関する方程式 $f''' = 12ff'$ を得ます．これはたちどころに 2 回積分できて，

$$(f')^2 = 4f^3 - g_2 f - g_3 \tag{9}$$

が得られます．ここで g_2 と g_3 は積分定数です．この一階非線形常微分方程式は初等的には解けませんが，$X = f(z)$ の逆関数を考えれば，$f' = dX/dz$ ですから，z は楕円積分

$$z = \int \frac{dX}{\sqrt{4X^3 - g_2 X - g_3}}$$

で与えられます．つまり，f をワイエルシュトラスの楕円関数 $f(z) = \wp(z)$ とと

れば上の進行波は KdV 方程式の解になっている．三角関数サインとコサインが円のパラメータ表示を与えるように，ワイエルシュトラスの楕円関数 $\wp(z)$ は楕円曲線をパラメトライズする函数です．

$$\begin{cases} X = \wp(z) \\ Y = \wp(z)' \end{cases}$$

とおけば (9) から $Y^2 = 4X^3 - g_2 X - g_3$ が従います．こうして 3 次代数曲線と KdV 方程式との簡単な関連が分かりました．この 3 次式の複素数解のなす集合が楕円曲線とよばれるもので，多様体としては 2 次元トーラスから 1 点 (無限遠点) を取り除いたものになっています．それは楕円関数 $\wp(z)$ の定義域，すなわちリーマン面を与えています．

この代数曲線 (リーマン面) がどこから来たのかを手っ取り早く見るために，ラックス形式を導入しましょう．まず x に関する 2 階の微分作用素 (ラックス作用素)

$$L = \left(\frac{d}{dx}\right)^2 + 2u \tag{10}$$

と，もうひとつ 3 階の作用素

$$B = \left(\frac{d}{dx}\right)^3 + 3u\frac{d}{dx} + \frac{3}{2}u_x$$

を用意します．すると，KdV 方程式 (8) はラックス方程式

$$\frac{\partial L}{\partial t} = [B, L]$$

と同値になります．右辺のブラケットは $[B, L] = BL - LB$，つまりリー括弧積を表します．ここで，函数 u が t によらないと仮定しましょう．するとラックス方程式から B と L は可換であることが従います．20 世紀初頭にシューアなどによって確立された理論により，可換な常微分作用素二つは必ず多項式関係を満たします．この場合は上に現れた定数 g_2 と g_3 を用いて $B^2 = L^3 - \frac{g_2}{4}L - \frac{g_3}{4}$ となります．こうして代数曲線が可換微分作用素から自動的に出てくるのが分かります．

一般に，与えられた高階のラックス作用素 L と可換な常微分作用素の全体 $\mathcal{B}_L$ は可換環を成し，それが代数曲線を決めることが分かります．ラックス方程式による L の時間発展はこの環の代数構造を変化させません．ということはリーマン

面とソリトン方程式が関係しているのは可換環 $\mathcal{B}_L$ を通して眺めれば，じつは当たり前のことなのだということになります．こういうふうにして理論が生まれました．また，私を悩ませていた「なぜ?」という問いにも簡単な答えが与えられました．私のショットキー問題の解決もこのような方向の研究から得られたのです．

ここにわざわざラックス作用素 (10) を持ち出したのには理由があります．あとで種明かしをするまで待っていてください．

4 モジュライ空間の登場とウィッテン予想の解決

佐藤の KP 階層の理論ではラックス作用素 L として 1 階の擬微分作用素を用います．KP 階層は L の無限多変数時間発展を与える方程式系です．ここでも L と可換な常微分作用素の全体 $\mathcal{B}_L$ はつねに可換環を成すのですが，一般にはそれは定数体になってしまいます．もし $\mathcal{B}_L$ が定数体なら，前節で触れた理論は何の役にも立ちません．そういう L から出発する解を超越解とよぶことにしましょう．超越的でなければ代数的解で，リーマン面を使って解の性質を調べることができます．1980 年代には超越解を調べる方法が見つかりませんでした．それで，スーパー代数を係数環として取り入れてみたり，擬微分作用素の係数を行列にしたりして代数的解の理論の拡張を構築しました．実際，様々な成功があったのは事実です．上述の一般プリム多様体の理論もこの流れに属します．

ですから (7) は晴天の霹靂でした．リーマン面に関する KP 階層の解 (代数的解) は，見方を変えれば代数曲線の座標環を $\mathcal{B}_L$ として常微分作用素の環 D に埋め込む単射準同型写像だと考えることができます．コンツェヴィッチは行列積分解 (7) が非可換リー環 $sl(2,\mathbb{C})$ の普遍包絡環を D に埋め込むことを発見しました．彼に教わりながらひとつひとつ計算していくうちに，証明するのだってかなりの計算なのに，この事実を見出すのにどれだけの計算が必要だったかを思って，気が遠くなったものです．私も計算力には自信があるのですが，それをはるかに超えている．コンツェヴィッチはものすごい勉強家であるのみならず，誰にも負けない計算力を持っていることを知ったのでした．ところで，この $sl(2,\mathbb{C})$ の埋め込みの事実を使うと，行列積分解 (7) が超越的だということがただちに従います．こうして私は始めて具体的に書かれた超越解を得たのでした．

超越解が面白いのはそれが超越的だからというわけではありません．行列積分

解 (7) は $t_j = -\sqrt{-z}^{j-2}$ と特殊化することによってリーマン面のモジュライ空間のオイラー標数を与える生成函数になっているのです．この事実は前述のザギエとトポロジストのハラーによって 1985 年に得られていました．

かつて私は「なぜリーマン面が KP 方程式の解を与えるのか」と問うて成功を収めました．それで今度も「なぜ行列積分が KP 方程式の解を与えるのか」と問うてみることにしました．1993 年に京都でコンツェヴィッチと再会したとき，二人でフランスの物理学者イチクソンに「行列積分が KP 方程式の解を与えるのはなぜなんでしょうか」と聞いてみたのです．驚いたことに彼の答えは「なぜと問うなかれ．行列積分は，KP の解のひとつの表示に過ぎないんだよ．」というものでした．目から鱗，というのはこういうことをいうのですね．同じ質問をしても，それが正しい問いであることもあれば，愚問であることもある．ほどなく KP 方程式の一般解が行列積分表示を持つことが分かり，イチクソンのいう通りだったと悟りました．ということは，行列積分が大切なのではなくて，モジュライ理論と関係した特殊解が大事なのだ，ということになります．

リーマン面のモジュライ空間 $\mathcal{M}_g$ とは，ひとつ定めた種数 g の位相曲面の上に定義できる複素座標系全体のことです．双正則写像で移りあうとき，二つの座標系を同一視します．さらに曲面の上に n 個の番号づけられた点を与え，これらの点を固定する双正則写像で移りあう複素座標系のみを同一視すると，モジュライ空間 $\mathcal{M}_{g,n}$ が得られます．

こういってみても何のことか分かりませんから，サイコロを思い浮かべてください．それは位相的に考えれば，球面を 6 つの番号づけられた正方形で覆ったものと見ることができます．そこで，種数 g の位相曲面を考え，それを n 枚の番号づけられたタイルで覆ってみましょう．タイルひとつひとつは多角形とし，タイル張りされた曲面の頂点の総数を v，辺の総数を e とします．オイラー標数の公式から $v - e + n = 2 - 2g$ が従います．今，n 個の正の実数 $p_1, \ldots, p_n$ を与え，j 番目のタイルの周囲の長さが p_j になっているとしましょう．ここで，周囲の長さが与えられた値 $p_1, \ldots, p_n$ になるようなタイル張り全体の集合を考えます．それがモジュライ空間 $\mathcal{M}_{g,n}$ なのです．サイコロは大きさを決めておけば $\mathcal{M}_{0,6}$ のひとつの元を与えます．

タイルが多角形だとすると，そのひとつの辺を長くしても別の辺を短くして周囲

の長さを保てますから，モジュライ空間 $\mathcal{M}_{g,n}$ は周長が $p_1,\ldots,p_n$ という条件のもとで各タイルの形と辺の長さを自由に与える方法全体の集合ということになります．辺の総数 e は各頂点の周りに辺がちょうど 3 本集まるとき，すなわち $2e = 3v$(トライヴァレント，3 価) のとき，最大値をとります．これをオイラー標数の公式に代入して

$$e = 3(2g - 2 + n) = 2(3g - 3 + n) + n$$

を得ます．もし辺の長さを勝手にとれるとしたら，タイル張りの集合の次元は上の式で与えられます．実際には各タイルの周長は決められているので，n 個の条件がついていますから，$\mathcal{M}_{g,n}$ の次元は $2(3g - 3 + n)$ で与えられることになります．

ここで，j 番目のタイルに対応して変数 t_j を定めましょう．記号 Γ で種数 g の曲面を n 枚のタイルで覆うタイル張りのひとつを表します．Γ の辺を η で表し，それが接する二つのタイルの番号を $i(\eta), j(\eta)$ と書くことにします (場合によっては $i(\eta) = j(\eta)$ ということもあり得ます)．これで準備が整いました．このとき恒等式

$$\sum_{\substack{\Gamma \text{ trivalent tiling} \\ \text{of type } (g,n)}} \frac{(-1)^{e(\Gamma)}}{|\text{Aut}(\Gamma)|} \prod_{\eta \in \Gamma} \frac{t_{i(\eta)} t_{j(\eta)}}{2 \left(t_{i(\eta)} + t_{j(\eta)}\right)}$$

$$= \frac{(-1)^n}{2^{5g-5+2n}} \sum_{\substack{d_1 + \cdots + d_n \\ = 3g-3+n}} \langle \tau_{d_1} \cdots \tau_{d_n} \rangle_{g,n} \prod_{j=1}^{n} \frac{(2d_j)!}{d_j!} \left(\frac{t_j}{2}\right)^{2d_j+1} \quad (11)$$

が成り立つ，というのがコンツェヴィッチの 1992 年の主定理です．これは彼のフィールズ賞受賞の 4 つの主要因のひとつとなりました．

この驚くべき式を味わってみましょう．まず，左辺はわりにやさしく分かります．$e(\Gamma)$ はタイル張り Γ の辺の総数で，$|\text{Aut}(\Gamma)|$ はタイル張りの対称性の数です．例えばトーラスを 1 枚の正方形で覆えば正方形を 90° 回転する自由度から対称性の数は 4 となります．左辺は分数式の有限和なので n 変数有理関数です．一方，右辺に出てくる係数 $\langle \tau_{d_1} \cdots \tau_{d_n} \rangle_{g,n}$ は少し説明が必要です．これはグロモフ-ウィッテン不変量とよばれる正有理数のもっとも簡単な例で，今の場合，コンパクト化されたモジュライ空間 $\overline{\mathcal{M}}_{g,n}$ のコホモロジー類の交点数を与えます．和のインデックス $d_1,\ldots,d_n$ は n 個の非負整数すべてを走りますが，条件 $d_1 + \cdots + d_n = 3g - 3 + n$ がついているので右辺は同次多項式になります．

驚くべき，と言いましたが，左辺の有理函数がじつは右辺の同次多項式に等しいというのが第一のミステリーです．第二のミステリーは，左辺ではタイル張りを用いたモジュライ理論を使っているのでリーマン面のモジュライ空間 $\mathcal{M}_{g,n}$ が背後にあるのに対し，右辺ではコンパクトモジュライ空間 $\overline{\mathcal{M}}_{g,n}$ がいつの間にか出てきている点です．そしてもちろんこの恒等式がウィッテン予想を導く，というのが第三のミステリーでした．

ウィッテン予想は，無限多変数函数

$$F(p_0, p_1, p_2, \ldots) = \sum_{\substack{g \geq 0, n > 0 \\ 2g-2+n > 0}} \left(\sum_{\substack{d_1 + \cdots + d_n \\ = 3g-3+n}} \frac{1}{n!} \langle \tau_{d_1} \cdots \tau_{d_n} \rangle_{g,n} \prod_{j=1}^{n} p_{d_j} \right) \quad (12)$$

で，$p_j = (2j+1)!! \, x_{2j+1}$ と変数変換し，$u = 2\dfrac{\partial^2}{\partial x_1^2} F$ とおけば，それが KdV 方程式 (8) およびすべての KdV 階層を満たすことを主張します．式 (8) の記号に合わせるには，$x = x_1, t = x_3$ とすればいいのです．さて，コンツェヴィッチはまず (11) の右辺が $t_1, \ldots, t_n$ の対称函数であることに注意して，それを t 変数たちの j 次ベキ和対称函数 p_j の函数で表わします．そうして変数を統一しておいて，今度は種数 g と点の数 n に関する形式的無限和をとり，それが上の F になることを示しました．次に彼は (11) の左辺がエアリー函数の積分表示のエルミート行列積分版の漸近展開になっていることを主張しました．そのために彼は場の量子論で使われるファインマン図形展開を用いました．今ではコンツェヴィッチ行列積分とよばれるこのエアリー型積分が KdV 階層の解であることは，対応する佐藤グラスマンの点を決めることで簡単に証明することができます．こうしてコンパクトモジュライ空間 $\overline{\mathcal{M}}_{g,n}$ 上のコホモロジー類の交点数の生成函数 F が KdV 方程式を満たすことが示されたのでした．

5 コンツェヴィッチの数学

ウィッテン予想そのものが数学や理論物理の様々な分野と横断的に関わっていることは前に述べましたが，コンツェヴィッチの理論はその関連をさらに広げ，ファインマン図形展開，組み合わせ的グラフ理論，リーマン面上の実解析，行列積分論などまで取り込んでしまいました．こんなに広い守備範囲を持つ数学者は存在

しません．まだ博士の学位すら持っていなかったコンツェヴィッチがどうやってこの広範囲の数学や物理を学んだか不思議に思われるでしょうが，一年間，彼を観察して感じたことは，子供の成長と同じだ，ということでした．

1992 年当時私の長男は小学 2 年でした．あるときボンのカウフホフ百貨店で旅行鞄を買おうとしたとき，彼が突然「店員さんはこの鞄の方があっちのより使われている革の品質がいいと言ってるよ」というのです．たった数か月で私が大学で取った 2 年のドイツ語学習の成果を完全に超えてしまったのでした．

前に述べましたが，コンツェヴィッチと初めて数学の話をしたきっかけは，私が可積分系の専門家だったので彼が相談に来たことでした．ところが数か月のうちにコンツェヴィッチは私の知っている範囲をはるかに超えた所に行ってしまいました．リーマン面のモジュライ理論はモジュライ空間が普通の意味での多様体にはならないこともあって，非常に難しいものでした．コンツェヴィッチはリーマン面のタイル張りを通してモジュライ空間の位相的性質を本質的に捉える直感を得たのでした．ウィッテン予想以前はモジュライ空間の代数幾何学的構造が問題の対象でした．

ウィッテンを始めとする物理学者達が見出したことは，ストリング理論を用いてモジュライの位相不変量を求めることができるということでした．じつに恒等式 (11) は交点数 $\langle \tau_{d_1} \cdots \tau_{d_n} \rangle_{g,n}$ が $\overline{\mathcal{M}}_{g,n}$ の位相不変量だから成り立つのです．モジュライ空間の微分構造によるような量を問題にしていたとしたら，コンツェヴィッチの方法はまったく役に立ちません．また，彼の方法ではコホモロジー類の間の直接的な関係式は出てきません．交点数の間の関係式を問題にしたから成功したのです．つまり彼はそれまで誰も持たなかった視点，大人のではない子供の視点に立って仕事を進めたためにすべてがうまくいったのでした．

1993 年に深谷賢治さんによばれて谷口シンポジウムに参加したとき，昼休みにコンツェヴィッチと，グロモフ–ウィッテン理論の創設者の一人ヨングビン・ルアンの奥さんと 3 人で兵庫県三田の森の中に探検に出かけました．コンツェヴィッチは歩き廻りながらずうーっと私に 3 次元ポアンカレ予想と有理数体の絶対ガロア群の表現との関連を説明しようとしていました．何時間か経って，私は道にもガロア群の表現論にも迷ってしまったことに気付きました．幸いルアンの奥さんには地理的直感があって，数学者二人を文明の中に連れ戻してくれました．藪の中をかき分けて進むうちにコンツェヴィッチが描くトポロジーと整数論の世界が限

りなく続いているのを垣間見ることができました．やっとのことで薮を抜け出し，さんさんと降り注ぐ冬の陽光を浴びながら山道を下っていきました．心地よい疲れが襲い，何かとても幸せな気分になったことを思い出します．

このときコンツェヴィッチから学んだことがきっかけとなって，私は数年後に私の学生だったマイケル・ペンカヴァと一緒に有理数体の絶対ガロア群の表現との関連で注目されていたグロタンディークのデッサン・ダンファンの勉強を始めたのでした．

ところで，恒等式 (11) の証明にはモジュライ空間 $\mathcal{M}_{g,n}$ のシンプレクティック体積と，そのコンパクト化 $\overline{\mathcal{M}}_{g,n}$ 上のコホモロジーの交点数とが等しいことを示さねばなりませんが，それはコンツェヴィッチの原論文には含まれていません．タイル張りを用いる議論では開いたモジュライ空間 $\mathcal{M}_{g,n}$ しか出てきません．右辺で突然コンパクトモジュライ空間 $\overline{\mathcal{M}}_{g,n}$ が出てくるのはいかにも唐突でした．原論文に示された道順は $\mathcal{M}_{g,n}$ の極めて不自然なコンパクト化を用いるもので，コンツェヴィッチらしくないぎこちなさを感じます．

この恒等式の最初の書かれた証明はオクーンコフとパンダリパンデによって 2001 年に得られました．でもそれが出版されたのは 2009 年のことです．2002 年始めにコンツェヴィッチにバークレーで会ったとき，彼は例によってニヤニヤしながら，「君がぼくとの共著の論文をいつまでたっても書かないものだからこんな論文が出ちゃったじゃないか！ でも 100 ページを超える証明とは驚いたね．」と言ったものです．オクーンコフたちは対称群の表現の位数無限大での漸近挙動と，行列積分の行列次数無限大での漸近挙動およびフルヴィッツ数の写像度無限大での漸近挙動とを比べ，確率分布関数の漸近展開を駆使して (11) の証明を得たのでした．対称群の表現が出てきているのを見たとき，佐藤スクール出身者の一人として，してやられた，と思いました．また，フルヴィッツ数の漸近挙動がウィッテン予想を導くというアイディアには脱帽しました．でも，式 (11) に出てくる 2 のベキを説明するのに確率論を使って，右へ行くか左へ行くかは確率 2 分の 1 だから，というのには違和感を覚えました．また，フルヴィッツ数や交点数のような有理数間の等式を扱うのにどうしてわざわざ膨大な漸近展開の理論を構築する必要があるのかまったく分かりませんでした．無限に長い遠回りをしているように感じたのです．ただ，論文の中にさりげなくラプラス変換が出てきているのには気付きました．

出版年度からすれば，ウィッテン予想の誰にでも分かる完全な証明を初めて与

えたのはマリアム・ミルザハニの学位論文で，その結果は二つに分けて 2007 年に出版されました．彼女のアイディアは，代数曲線ではなく，境界を持った双曲曲面のモジュライ空間を構成し，その自然なシンプレクティック体積 (ヴェイユ–ピーターセン体積) を計算する，というものでした．驚くべきことに，彼女が求めた体積は境界の長さの多項式で，双曲曲面を測地線に沿って切り分けるパンツ分解の操作で得られる自然な漸化式を満たすことが示されたのです．その漸化式をこの体積多項式の最高次項に制限すると，たちどころに $\overline{\mathcal{M}}_{g,n}$ 上の交点数のヴィラソロ条件が得られます．本稿では述べませんでしたが，ウィッテン予想の別の表現は KdV 方程式ではなくヴィラソロ条件を用いるものです．それは交点数の満たす漸化式を与えます．

　ミルザハニの仕事を初めて私に教えてくれたのはやはりコンツェヴィッチでした．それは 2004 年の春，二人で夜遅くサンフランシスコで寿司を食べていたときのことです．それまで私は双曲幾何もシンプレクティック幾何も本気で勉強したことなんか一度もなかったのですが，今度もコンツェヴィッチはその雄大な世界を私の眼前に繰り広げてくれたのでした．どんな寿司を食べたかまったく思い出せませんが，コンツェヴィッチが指し示してくれる数学の世界に私はまたも吸い込まれて行きました．面白いことに，ミルザハニの仕事には KdV 方程式の影も形もありませんし，リーマン面のタイル張りも全然出てきません．でも，彼女の数学の背後にそれらが潜んでいることは明らかでした．コンツェヴィッチの話を聴くうちに，境界を持った双曲曲面のモジュライ空間が，ドリーニュ–マンフォードのモジュライスタック $\overline{\mathcal{M}}_{g,n}$ と前節でお話ししたタイル張りの集合のあるコンパクト化との間の位相的ホモトピーを与えているのがだんだん見えてきました．境界がゼロのとき $\overline{\mathcal{M}}_{g,n}$ を与え，それが無限大になるときタイル張りの集合に近づいていく．ここで，このホモトピーは微分同相には持ち上げられません．でも位相不変量を扱う限りそれは有効です．そして，このホモトピーのアイディアを使えば恒等式 (11) の一番自然な証明が得られることが分かったのでした．

　ミルザハニは境界がある場合にシンプレクティック商を用いてヴェイユ–ピーターセン計量の微分形式をモジュライ空間上の直線束の曲率形式で書き表しました．境界を持った双曲曲面のモジュライ空間を扱う限り，ヴェイユ–ピーターセン体積要素を直線束のチャーン形式とマンフォード–ミラー–森田形式との積で書くことはできるのです．でもこのモジュライ空間は $\overline{\mathcal{M}}_{g,n}$ とは微分同相ではないの

で，微分形式間の関係ではなく交点数まで落とした位相的関係式だけが $\overline{\mathcal{M}}_{g,n}$ で生き残るわけです．この位相同型と微分同相の微妙な違いは 1992 年当時にはまだ誰にも十分認識されていなかったと思います．これで初めて私にはなぜ (11) がチンプンカンプンだったのか納得がいったのでした．

本稿では KdV 方程式はまるで関係式のように扱われていますが，もちろんもともとの由来は非線形の時間発展方程式です．式 (12) で与えられる F が KdV を満たす，というとき，じつにウィッテン予想以来十数年の間，F を KdV 方程式で時間発展させたとき一体何に発展していくのか，誰も問わなかったのです．コンツェヴィッチに教わったミルザハニの理論を調べるうちに，その答えが自然に出てきました．私の学生ブラッド・サフナックとの共著の論文で我々は，F の KdV 時間発展がじつは境界を持った双曲曲面のモジュライ空間のヴェイユ–ピーターセン体積になることを示したのです．つまり KdV の時間発展はミルザハニのホモトピーを境界の長さが無限大のところから有限のところまで逆方向にたどっていたわけです．

純粋に代数幾何だけを使ってウィッテン予想の証明を与えるもっとも簡潔な証明は，2010 年に出版されたデービスの大学院生である張乃真と私の共著の論文で与えられました．それはオクーンコフとパンダリパンデのアイディアに基づいてフルヴィッツ数を使うのですが，我々の発見は，フルヴィッツ数が自然に満たす組み合わせ論の方程式 (cut-and-join 方程式) のラプラス変換が自動的に交点数の間のヴィラソロ条件 (漸化式) になっている，というものです．フルヴィッツ数とは，リーマン面の上で指定された極を持つ有理型函数の個数のことです．極を与えるには場所と位数を定めればよいので，フルヴィッツ数は写像度の分割数の函数になります．我々は，分割数の函数とみたときフルヴィッツ数のラプラス変換が自然に多項式になっていることを見出し，cut-and-join 方程式のラプラス変換をこの多項式の最高次項に制限したものがウィッテン予想を与えることを示したのでした．多項式や漸化式が出てくることなどミルザハニの理論との共通点があることに注意してください．また，ラプラス変換が写像度無限大での漸近挙動の情報をすべて含んでいることに着目すれば，オクーンコフの漸近展開の理論をまったく使うことなくフルヴィッツ数から交点数への変換ができることが分かります．

でも我々の方法では恒等式 (11) は直接には出てきません．一体この式を理解するもっとも正しい道はどこにあるのでしょうか？

6　夢のラプラス変換

　数学の研究をしていてよくあることは，壁にぶち当たって何か月も，ときには何年も，進展が止まってしまいどうにもならないというぎりぎりの所で，突然世界が開け，問題が自分の眼前で自動的に解けてしまったり，あるいはまだ誰も見たことのなかったまったく新しい美しい世界が眺望できたりすることです．

　ショットキー問題の仕事も，バークレーにいた頃 100 日間夢か現実か分からないようなまるで夢遊病の中にいるような状況が続いた末に得られたものです．何かに熱中すると時計の短い針が跳んでしまうことは子供の頃よく経験しました．UCLA の助教授だった頃はカレンダーの日付まで何日か跳んでしまうことがありました．その何日間かで膨大な量の計算がなされており，直前までまったく分からなかったことが整然とした理論にまとめられていたりして，まるでどこかへ行って何か月も数学をして帰ってきたような気がしたものです．竹崎正道教授は「村瀬さんはよく青くなってふらふらになるまで勉強していましたね」と言っておられました．プリンストン高等研究所にいたときにはそれまで 2 年ほど考え続けてきた問題が解けそうなのにどうやってもできないという状況が何か月も続いていました．あるとき，プリンストンジャンクションで汽車を待っていると，突然あたりが真っ暗になり，闇の中に何時間か立たされてしまったのです．しばらくすると真上からものすごいレーザービームが降りてきて，私だけを明るく照らします．その光を見上げてみると，その中にそれまで 2 年かけて探していた問題の答がありました．白昼夢を見ていたのですね．

　じつをいうと私は生涯を通して夢の中で数学の仕事をしてきたようです．不思議なのは，そうやって夢の中で見たことが，いつも正しいということです．普通の夢は荒唐無稽ででたらめなのに，数学の研究で壁に突き当たって悩んでいるときに見る夢は正しい答えをもたらしてくれる．最近も，フルヴィッツ数についてのブシャール–マリニョ予想を解こうとして 2 年ほど頑張っていたとき，600 ページの手計算と 14 MB のマセマティカの記号計算の末に，またもや壁に遭遇しました．共同研究者たちは黙って私が悩み続けているのを見ているだけなのです．そのどうにもならないぎりぎり最後の所で，突然「ここはラプラス変換をしなきゃいけないんだよ」という声が聞こえてきました．大学院の複素解析の授業をしている真っ最中で，私は素数定理の証明を与えていたのです．そのとたんにすべて

が分かりました．2 年の壁が突然崩れ落ちてしまったのです．

　こういうたぐいの話はおとぎの世界ではよくあるようですね．ナルニアへ行って何年か過ごしても，帰ってきてみたら一瞬だった，とか，ゴーシュ君が夢かうつつか分からないような中でセロを弾き続けるうちにいつの間にか名奏者になっていた，とか，のだめが突然ものすごい演奏をするようになった，とか．私は乱視なので映画館へ行くと船酔いをおこしてしまい映画はあまり見られないので，長男が『Inception』のブルーレイディスクをプレゼントしてくれました．その中で，夢の階層がひとつ深化するごとに時間が 20 倍の累乗で長くなっていくという説明があり，大体そんなものかな，と思ってニヤリとしたものです．私の数学の夢ではその比は 200 倍から 400 倍程度なので，『Inception』の基準なら夢の第 2 段階で仕事をしていることになります．

　コンツェヴィッチがウィッテン予想を瞬く間に解いてしまったという伝説はどういうふうだったのか知りませんが，そういうすごいことが起こりうることは自分の経験に照らしても，よく分かります．コンツェヴィッチはものすごい勉強家で，抜群の抽象化能力を持っているとともに，誰にも負けない計算力を備えている．そんな彼が大人の知恵ではなく子供のような視点で数学をしているのが強みなのだろうと思います．オイラー，ガウス，リーマン，佐藤幹夫に繋がる伝統がそこに見られます．膨大な計算の結果に裏打ちされた理論を創るので，論理思考で得られる定理とはまったく違った，一体どうやってこんなことができたんだろう，という不思議さを漂わせている．

　私は若い頃バッハの音楽に夢中になりました．24 歳のときにウィーンの古本屋でマタイ受難曲の最終自筆稿の原色・原寸大のファクシミリ版を見つけ，食費を切り詰めて買い求めバッハの筆跡を追いながら読みふけりました．でもバッハを知れば知るほど，偉大，天才，名人，至極の音楽家，極致の職人といった表現が当たっていないことに気付き始めました．そんなとき，新しい資料の研究の末にクリストフ・ウォルフが達した結論，「バッハは当時の best-informed musician だった」というのを読んで合点がいったのです．バッハは長い時間をかけて彼の手に入る限りの音楽を書き写し勉強したのでした．大人になってからもそういう勉強を続けたとすると，バッハも生涯子供だったんじゃないでしょうか．

　さて，コンツェヴィッチの主要な仕事のひとつにホモロジー的ミラー対称性の理論があります．大まかにいうと，ミラー対称とは特定のシンプレクティック幾何

と複素幾何との間の同等性を意味します．シンプレクティック多様体からは深谷圏の導来圏を作り，複素多様体からは局所正則函数環上の連接加群の生成する圏の導来圏を作ります．これらが同じものであるとき，もとの多様体同士をミラー対称であると定義するのがコンツェヴィッチのホモロジー的ミラー対称性理論の端緒です．ここに出てくる導来圏とは同一視の芸術の極致です．3本の木と3個の石から3という数の概念を導くのに我々の先祖が何万年かけたか知る由もありませんが，数学や物理学の理論はよく $A = B$ の形を取ります．このとき，A と B とがかけ離れていればいるほどその理論は大理論となる．

$$A \mathrel{=\!=\!=\!=\!=\!=\!=\!=\!=\!=\!=} B$$

アインシュタインは宇宙のリーマン計量が重力場だと同一視しました．でもこの同定を理解するにはリーマン計量から計算されたリッチ曲率が物質の分布から決まるエネルギー・運動量テンソルに等しいとおいてアインシュタイン方程式を解き，それが示す物理を調べねばなりません．違って見えるものが実は同じであると分かるためにはつねに上の段階まで登って調べなければならない．今の場合その上の段階にあたるのが導来圏をとる操作なのです．

シンプレクティック多様体 X が与えられればルアンが定義したグロモフ–ウィッテン不変量を考えることができます．これは，リーマン面から X への擬正則写像に自然な条件をいろいろ付けてその数が有限個になるようにしたときの数のことで，リーマン面の対称性の故に一般には正の有理数になります．今，複素多様体 Y がコンツェヴィッチの意味で X のミラー対称であるとしましょう．

ここで問題：X のグロモフ–ウィッテン不変量が複素多様体 Y の言葉ではどういうふうに表現されるのか決定せよ．

この問題に関して，ごく最近様々な進展がありました．今のところまだ完全な一般論には発展していないのですが，よい例がいろいろ得られているのです．そのひとつが，上に述べたフルヴィッツ数についてのブシャール–マリニョ予想の解決です．そして，理論の鍵はどうもラプラス変換であるようなのです．

コンツェヴィッチの式 (11) で最後まで私に分からなかったのは，左辺で3価のグラフ (タイル張り) だけの和をとっているところです．もちろん，そうしなければならないのは，左辺が多面体の体積計算からきているからであって，4価以上の頂点が含まれているグラフ (タイル張り) は体積には寄与しない．疑問は，ここ

ですべてのタイル張りの和をとったら一体何がでるか，ということでした．左辺の和だけを変えても，右辺には対応するものがありませんから，和をとる函数そのものを変えなければならないのですが，どう変えたらいいのでしょう？ そんなことより，「一体そんなことして何になるんだ？」という大人の知恵が働いて，それ以上考えが進まないのが普通です．

その答えは 2010 年夏に学部学生のケビン・チャップマンと共同の仕事をしているとき (つまり一緒に遊んでいたとき) に偶然得られました．答えは自由エネルギー

$$F_{g,n}(t_1,\ldots,t_n) = \sum_{\substack{\Gamma \text{ tiling of} \\ \text{type } (g,n)}} \frac{(-1)^{e(\Gamma)}}{|\text{Aut}(\Gamma)|} \prod_{\eta \in \Gamma} \frac{(t_{i(\eta)}+1)(t_{j(\eta)}+1)}{2(t_{i(\eta)}+t_{j(\eta)})}$$

だったのです．この函数は n 変数有理函数に見えますが，じつは n 変数ローラン多項式になっていることが証明できます．そしてその最高次項が (11) なのです．このローラン多項式は辺の長さがすべて整数であるようなタイル張りの数のラプラス変換として得られました．辺の長さを整数にしておくと，その数を表す函数はひとつの式では表わせない複雑な局所部分多項式 (定義域のどの場所にいるかで異なる多項式の値をとる函数) になります．この複雑さは「壁越えの問題」として一般に知られているものです．一方，この数はタイル張りから辺を取り除く操作に関する漸化式を満たすことが分かります．漸化式そのものはやはり複雑ですが，その証明自体は学部学生にも分かる初等的なものです．

ところがものすごく不思議なのは，辺長が整数であるタイル張りの数のラプラス変換をとると，それはたったひとつのローラン多項式で表わされ，壁越えの難しさが消滅してしまうことです．しかも，もとの漸化式のラプラス変換はローラン多項式間の簡単な漸化式になり，それを最高次項に制限するとたちどころにウィッテン予想のひとつの形であるヴィラソロ条件式が得られるのです．ということは，漸化式としてのヴィラソロ条件式はもとを正せばタイル張り (あるいはリーマン面上のグラフ) から辺を取り除くという操作に対応するものだったことが分かります．今，辺長が整数であるタイル張りの数，という言い方をしましたが，これはタイル張りの集合が多面体で分割されたオービフォールドであることを考えると，各多面体の格子点の数の和をとっていることになります．タイルの周囲の長さを整数で与え，タイル張りに対応する多面体の格子点の数を求める問題は，コンピュータ用の問題であって，きれいな式で与えられるような数学の答えは存在し

写真 1　卓球に興じるコンツェヴィッチ (1993 年谷口シンポジウムにて)

ません．それなのに，モジュライ理論に出てくる場合には格子点の総数のラプラス変換をとれば簡単で美しい式が答えとして得られる．また，各格子点にも数学的な意味があります．それはグロタンディークのデッサン・ダンファンなのです．

ところで，ラプラス変換は漸近展開の情報をも含んでいることを前に注意しました．格子点数の漸近挙動は多面体の体積ですから，上に与えた自由エネルギーの最高次項がコンツェヴィッチが 1992 年の論文で求めたモジュライ空間の体積になっているのは，じつは当たり前なのです．ここまできてようやく私にもラプラス変換の意義が分かってきました．それはまさにミラー対称変換を実現するものだったのです．したがって，ミラー対称性を与えるものとしてのラプラス変換を最初に考えたのは，やはりコンツェヴィッチだったということになります．普通の人がこうして 20 年かかってやっと分かる仕事をコンツェヴィッチは一瞬にして仕上げたのでした．

現在，トーリックカラビ–ヤウ多様体のグロモフ–ウィッテン不変量の拡張された意味でのヴィラソロ条件として出てくる漸化式が，組み合わせ論的な，タイル張り (グラフ) から辺を取り除く操作のラプラス変換であるという一般論が生まれつつあります．ミルザハニのパンツ分解の漸化式も，フルヴィッツ数の組み合わせ論的 cut-and-join 方程式も，そのラプラス変換はまったく同じ形をとります．それがまさにエナール–オランタン漸化式として近年有名になりつつある理論なの

です．エナール–オランタン漸化式は上述のグロモフ-ウィッテン不変量をミラー対称性で変換して得られる量をすべて決定するだろうと予想されています．さらに，ダイグラフ–藤–真鍋は同じ漸化式が組紐の位相不変量や組紐の補集合の双曲体積などと関係していることを発見しました．こうして新しいミステリーが生まれました．私が初めてエナール–オランタン理論に接したのは 2008 年初め，京都大学数理解析研究所の客員教授を務めていた頃でした．高崎金久さんが教えてくれたのです．そこに私はコンツェヴィッチの影を見たように思いました．じつはオランタンはまだエナールの大学院生で，コンツェヴィッチは彼の学位審査員を務めていたのです．20 年経ってもさらなるミステリーと発展をもたらすような理論をコンツェヴィッチは我々に示してくれたのでした．

7　ニュートンの浜辺

　最近ばったりとドゥブロヴィンに出会ったとき，次のような会話を交わしました．村瀬:「このところやっとぼくにもミラー対称性が分かってきたんだ．じつにそれはラプラス変換だったんだねえ．」ドゥブロヴィン:「へー，君もそう思うの? でもねえ，そんなことぼくはもう 15 年も前から言い続けているんだよ．」村瀬:「あっそうなの? それは知らなかった．でもね，ぼくは一般にいわれているようなフーリエ・向井変換ではなくて，ラプラス変換だって言ってるんだよ．」ドゥブロヴィン:「知ってるよ!」村瀬:「本当? それならぼくらが同じ理解をしているのかどうかちょっと試してみようよ．一点のミラー対称物は何だい?」ドゥブロヴィン:「それはコンツェヴィッチの最初の仕事でしょ．」村瀬:「と言うと?」ドゥブロヴィン:「一点のミラー対称物は KdV 方程式のラックス作用素 (10) だよ．」村瀬:「えっ，微分作用素がミラー対称変換だっていうの?」ドゥブロヴィンはニヤニヤしています．私はしばらく考えて，村瀬:「あっそうか! つまり君のいうのは代数曲線 $x = y^2$ ということだね．」ドゥブロヴィン:「えーっと．」今度は彼が眼鏡の奥で目をキラキラさせて考えています．そして，ドゥブロヴィン:「そうだ，その通り!」村瀬:「それなら分かった! ぼくらは同じ理解をしている．」二人の対話をそばで聞いていたある数学者がここで割り込んできました．「あなた方，今の会話でお互いを理解してるって言うの?」ドゥブロヴィンと私は顔を見合わせて大笑いし，「もちろんだよ!」と叫んだのでした．

写真 2　大阪大学数学教室にて (2009 年 10 月)

　私はいまニュートンの浜辺に来ています．大海原を前にして，もう 20 年近くにもなろうとする昔，ここでコンツェヴィッチからもらったきれいな石を手に取って見つめています．この魔法の石は私を世界のあちこちに連れて行ってくれました．また，自分では思いもよらなかったような数学の世界を見せてくれました．そして，今なお新しい美しい石がどこにあるのかを教え続けているのです．数学をするということは，この浜辺で遊ぶということなのだとつくづく思います．本稿でお話ししたコンツェヴィッチの仕事もミルザハニの仕事もオランタンの仕事も彼らの学位論文でした．こういうものすごい仕事とは比べられませんが，私の KP 理論の仕事も学位論文でしたし，また私の学生たちなど数学者として独り立ちしていないような人々もどんどんこの浜辺に来て新発見をしています．若くたって未熟だって，あるいはどんなに年をとっていたって，ニュートンの浜辺で遊ぶことはいつでも誰にでもできるのです．

　みなさんもこのニュートンの浜辺に招かれているのですよ．だからどうぞ，ここにいらしてください．真理の大海を眺めながら一緒に数学しようではありませんか！

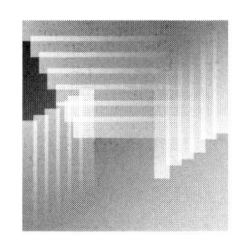

楽しめ人生，楽しめ数学
Rudolf Gorenflo

山本昌宏

1 はじめに

　ここまで筆者が数学者として何とかやってくることができたのは，いろいろな運に恵まれてきたからだと思っています．数学の良い問題に巡り会うのもその1つですが，多くの人との巡り会いもそれにも増して重要です．私の数学のために，必ずしも数学者とは限らない方々との忘れがたい出会いもありますが，ここでは「出会えてよかったなあ～」としみじみ感じる数学者について，読者として若い方を念頭において書きたいと思います．いま書いたように知り合えてよかったと感じる数学者はたくさんいるわけですが，ドイツの Professor Dr. Rudolf Gorenflo について書きたいと思います．以下，ゴレンフロ先生と書きます．

　ゴレンフロ先生はドイツ西部のカールスルーエ近くのご出身です．カールスルーエ工科大学数学科を卒業され，そこでの助手時代や会社での勤務，ミュンヘン郊外にあるマックス・プランク・プラズマ物理学研究所での研究生活を経て，アーヘン工科大学で教授資格を得て教授に就任し，その後 1973 年以来，ベルリン自由大学数学科の教授を務められ，現在はベルリン自由大学名誉教授です．今でこそベルリンは壁のない普通の街ですが，赴任の年が 1973 年であることを考えると，共産圏に囲まれた西側の孤島であったベルリンへの赴任はなみなみならぬ決断であったと思われます．昨年 (2010 年)，80 歳ですがお元気で世界中のいろいろな国際会議にも参加され，一昨年 (2009 年) はインドにも 3 週間ほど滞在されました．先生とはほぼ毎年 1 回は主にベルリンでお会いする機会が続いております．

2 ゴレンフロ先生との出会い

さて，私にとっての出会いです．最初のコンタクトは 1990 年に京都で開催された国際数学者会議の関連会議に招待しようと手紙のやり取りをしたことです．そのときは来日はできませんでした．その後，私は 1992 年–1993 年にドイツ・フンボルト財団のポスドク研究員としてミュンヘン工科大学で研究生活を送りました．私にとって先生が重要な数学者になったのは，このときです．外国での慣れない環境での研究生活でしたが，ゴレンフロ先生は若い私のためにじつにいろいろな研究者を紹介して下さり，活動の範囲を広げてくださいました．これはいくら感謝しても感謝しきれません．私は，今では，ドイツ，フランス，イタリアに多くの共同研究者を持つことができ，よんだりよばれたりで共同研究を楽しんでいます．

数学の研究というと，たった一人で外界と隔絶して終始，研究を黙々と進めるイメージがあるかもしれません (一例としてフェルマー予想を解決したワイルズ教授とか)．しかし，そのような研究が可能なのはほんの一握りの数学者であると思いますし，分野によっては，そもそもそのような外界から隔絶した環境での研究が適切でないことすらあります．私の専門分野である応用解析の場合，多様な現象の数理解析が求められているわけですので，ある程度広い分野の研究者との交流が絶対必要です．さらに最近の数学と多様な他分野との交流をみても，いろいろな分野に野次馬でもいいので首を突っ込んでおくことも重要かと思います．といっても，時には孤独な作業ももちろん必要ですが．

若い研究者にとって，そのように人間関係を拡大するためには，年上で経験のある数学者経由の紹介がたいへん有益であります．そのような意味でゴレンフロ先生は折に触れていろいろな数学者を紹介してくださり私の世界を広げてくださいました．年長者が若い人のためにする紹介には次の 2 つの場合があります：自分の学界での顔の広さを誇示する目的で知り合いの数学者達に言及する場合と，そのような自分のためという考えではなく若い人をプロモートしようという気持ちで行動をする場合とがあります．ゴレンフロ先生はもちろん後者の典型で，ご自身の共同研究者や知り合いをヨーロッパに留まらず広く紹介してくださいました．

3 ドイツでの生活

　私の場合はわずか 1 年半でしたが，海外での長期の研究生活は若いうちには特に重要なことです．先にも書いたことと関連して，数学の研究は日本に限定されない社会活動の 1 つですので，違った環境での研究は日本においてだけで行う研究とおのずから異なってきます．ドイツでの研究にはそれなりの流れ・趣味があり，フランスにはまた別の傾向があるといった具合です．そして海外での研究生活を充実したものとするために大事なことは，現地語をしゃべる努力をし，その国の歴史・文化などへの理解と共感を持つことであると信じています．その点でもゴレンフロ先生はうってつけでした．数学に限らず，歴史・文化についてウィットたっぷりによく話題にし，自分の経験もふまえてアドヴァイスをおしつけがましくなく，いろいろお話してくださいました．

　一例を挙げてみます．私自身もよく周りの若い研究者や院生などに言っております：

　よい講演とは 4 つの部分からなるものである，すなわち，第 1 部は聴衆の誰にもわかり，第 2 部は聴衆のなかの専門家にだけわかり，第 3 部は講演者本人にしかわからず，第 4 部は講演者本人にさえもわからないようにすべきである．

　これは，ドイツの数値解析の大御所でありゴレンフロ先生も大きな影響を受けた，ハンブルグ大学の故 L. コラッツ教授がおっしゃったとのことです．いろいろなセミナーを聞いてもこのような 4 部分からなる講演に出会うことはあまりありません．ちなみに第 4 部は予想や今後の研究の展開を語るべき部分と解釈できます．

　さて，実際にゴレンフロ先生にお会いしたのは，1992 年 9 月にケムニッツ工科大学で開催された逆問題のワークショップが初めてでした．ケムニッツ工科大学は東ドイツ時代から逆問題の学派がありました．ケムニッツは東ドイツ時代はカール・マルクス・シュタット (Stadt (独語) は都市の意味) とよばれ，街の中心部に巨大なカール・マルクスの頭の彫像が置いてあることで有名なザクセンの工業都市で，ドレスデンからも遠くありません．1992 年当時は街は再建築というか再構成中の真っ只中で，慣れないドイツ語のせいもあって途方にくれることばかりでした (今は街並も一新され落ち着きのある街に変貌しました)．しかし，研究集会自体はたいへん有益でゴレンフロ先生の紹介もあっていろいろな方と知り合いになれて，その後講演によばれたりしました．手紙のやりとりはすでにあったとは

いえ初対面の私になんでそんな親切であったのかよくわかりませんが，ただ一人の東洋人の参加者だったので，尋常ではない街の状況のなか不憫に思ってくれたのかもしれません．

その後，1993年2月に初めてベルリン自由大学に招待してくれました．そのときはミュンヘンに住んでいましたが，ベルリンの街があまりにミュンヘンと異なり，いたるところ工事中でとても汚く，廃墟が多いので，やはり途方に暮れました (分断時代の特異的な都市構造を普通のものに作り変える作業が大々的に進行中でした)．しかし，これが現在にまで間断なく続いている，小生のいろいろな面でのベルリンとの結びつきの第一歩でした．ゴレンフロ先生について語ることは小生のベルリンを語ることになります．1992年当時，壁はとうに無くなっていましたが，研究機関など研究のインフラも東西分断の傷を引きずっており，不便なことが多かったと記憶しています (今でも旧東ベルリンと旧西ベルリンでは精神面などで大きな違いが，ある世代以上に見られます：分断時代が30年近く続いたのですから当たり前でしょうが)．逆問題という狭い分野でも東ベルリン時代には重厚な理論重視の研究が進められていたのと対照的に，西ベルリンでは応用を意識した小回りの利く研究が進められておりました．「壁」時代の東ベルリンのこの分野の中心はワイエルストラス研究所でした．今でこそ，ワイエルストラス研究所へは自由大学から地下鉄ですぐ行けますが，分断時代にはそのような物理的な往来も不可能であり，書面などによる研究連絡でさえも煩雑さを極めたわけですが，そのような分断時代の実経験を，西ベルリン人であったゴレンフロ先生が語られたこともありました．小生はゴレンフロ先生の計らいで1995年春にはベルリン自由大学の客員研究員と同時にワイエルストラス研究所の研究員であったこともあり，毎日のように地下鉄でベルリンの西部からブランデンブルグ門を越えたウンター・デン・リンデン通り裏のワイエルストラス研究所まで通っていましたが，「壁」時代を知らない私にもやはり感慨深いものがありました．

4 ベルリンという街

ベルリンでは，すでにちょっと書きましたが，東西分断時代の数学のやり方は再統一後は「西」のペースで進められることになり，多くのものが永遠に失われたことは確かです．東西分断時代の数学の研究には，お国柄が色濃く出るのでこ

れはやはり一種の喪失で残念なことです．そのような分断の象徴的な地でもあり，その雰囲気をいまだに残しているベルリンにおいてゴレンフロ先生と数学も含めていろいろなことを語り合うことはたいへん有益です．ちなみに先生はイタリア料理と散歩が大好きで，小生のベルリン滞在中の週末は，ベルリン近郊の美しい湖の周りや森林を散策しながら，またイタリア料理屋でワインを傾けながらこれまた数学やその他もろもろのおしゃべりするのはいつもの楽しみです (日本ではベルリンの街自体はよく知られており，文化面でも多くの博物館，3 つの歌劇場，ベルリンフィル等など世界有数の音楽都市として有名ですが，歌劇場の駅から地下鉄や都市鉄道—S-Bahn—で 20～30 分も乗れば白樺，樫の森林に囲まれた湖沼が広がるブランデンブルク州でハイキングなどを楽しめることはあまり知られておらずたいへん残念です).

ベルリンはなるほど約 350 万人の人口をもつドイツ第一の都市で (ミュンヘンなどと比べてせわしないですが)，日本と比べれば時間はあくまでゆったりと流れており，春の新緑や秋の澄んだ陽光に映える紅葉を眺めながらいろいろ議論するのはまことに大きな楽しみです．そのような楽しみを手ほどきしてくれたのが先生でした．話題は数学の研究に関することや冗談の類などさまざまです．ゴレンフロ先生はエスプリがあります．一例ですが，昨年の 9 月にベルリンの街を散策しながらのクイズ:「南極点を考えてみよう，そこではすべての方向が北となる．北極点も同様．そこで質問: 地球上にはかつて「西極」がありました，どこでしょう? 答え: 西ベルリン，どの方向へ向かっても東 (ベルリン) だから」．これは，陸の孤島時代で，ある種の閉塞状態にあった西ベルリン人のしたたかさを示す冗談ですね．

5　ゴレンフロ先生との研究

1995 年には東京大学の客員教授として招へいされ，そのときに本格的に先生とアーベル型の積分方程式に関する共同研究を行いました (R. Gorenflo and M. Yamamoto: Operator-theoretic treatment of linear Abel integral equations of first kind, Japan Journal of Industrial and Applied Mathematics **16** (1999), 137–161)．すでに先生はこの分野において素晴らしい著書を出版されていました: R. Gorenflo and S. Vessella: Abel Integral Equations, Analysis and Applications, Springer-Verlag, Berlin, 1991.

この本で，アーベルの積分方程式の豊富な応用も解説しつつ，S. G. Samko, A. A. Kilbas, O. I. Marichev らの膨大な数学的成果 (たとえば彼ら3者の本は1000ページ近くあります) を巧みにコンパクトにまとめています.
　ここでちょっと述べますと，アーベルの積分方程式とは

$$f(t) = \frac{1}{\Gamma(1-\alpha)} \int_0^t \frac{u(s)}{(t-s)^\alpha} \, ds, \text{ただし}, 0 < \alpha < 1 \text{は定数}, \Gamma \text{はガンマ関数},$$

という型の方程式のことです．重力のもとで質点がある曲線上を摩擦の影響なしに滑って最低点まで達する時間が出発点の位置によらず一定である曲線を等時曲線とよびます．これを一般化して，質点が最低点まで到達する時間が出発点の高さの関数 (定数関数とは限らず) で与えられているとして，そのような曲線を求める問題をアーベルが考えて，それが $\alpha = \dfrac{1}{2}$ のアーベルの積分方程式の解であることを示したのでした.

$$\frac{1}{m!} \int_0^t (t-s)^m f(s) \, ds$$

は $m+1$ 階の積分を表すことから想像できるように，アーベルの積分方程式は $1-\alpha$ 階の積分を表現していると理解でき，非整数階数の微分や積分を定義できるわけです.

　その後，環境工学における重要な問題である，不均質媒質での汚染物質の拡散のモデル化に関連して，時間微分が非整数階である拡散方程式が重要であることを知りました．そして，ゴレンフロ先生がこの分野で数学的な基礎付けに関して重要な寄与を多くしているのに改めて気がつきました．非整数階の拡散方程式は $\partial_t^\alpha u = \Delta u$ と表されます．ここで Δ はラプラス作用素で，$0 < \alpha < 1$ とし，非整数階の微分 $\partial_t^\alpha u$ は

$$\frac{1}{\Gamma(1-\alpha)} \int_0^t (t-s)^{-\alpha} \frac{du}{ds}(s) \, ds$$

で定義されています．アーベルの積分方程式と類似の積分表示であることがわかると思います．$\alpha = 1$ とおくと普通に1回微分をしていることになります．非整数階の拡散方程式は普通の拡散方程式とまったく異なる性質がある上に，実用上の観点からも重要である極めて豊穣な研究領域で，ここ数年，ゴレンフロ先生と Y. ルーチコさん (Beuth Hochschule für Technik Berlin 教授) ともどもこの話題に

つきいろいろ議論を重ねており，先生の研究への若々しい情熱を感じつつ，共同研究を展開しております．

6　ゴレンフロ先生の数学観

2010年9月にもベルリンでお会いして，本稿と関連してゴレンフロ先生の考えを伺いました．それによると，先生はすでに工科大学の学生時代に数学だけでなく，物理的思考形式を十分に学んだようです．その後の経歴は数学科だけではなく多様であり，それが先生の含蓄のある数学観を育んできたようです．たとえばハンブルグ大学のコラッツ先生からは，一般的な理論でも万事，わかりやすい例を考えることが重要であることを，プラズマ物理学研究所では抽象論に偏ることなく数学モデルをどう発展させるかを学んだとのことです．

また，幼い頃から数学，特に数に対する興味が大きく，また数学を専攻に選んだ理由は実験があまり得意でなかったことと，もちろん数学が得意であったからだそうです．そして数学を選択して後悔したことはないとのことです．先生のベルリン自由大学の研究室には数学が人生苦を救う可能性を示唆するモットーがたくさん貼り付けてありました．先生は本来はどちらかというと悲観的，深刻な考え方であるが，それを踏まえて努めて人生を楽しもうという考え方なのかと勝手に想像しております．また，いわゆる純粋数学と応用数学については，あるのは1つの数学であり，自分は純粋数学者でもなく応用数学者でもなく，「数学者」であると思っているとのことです．

さらに若い人材のためには，「数学」の厳密さとしていくつかのレベルを認めるべきであるとの考えを示しました．たとえば，「厳密性にこだわりすぎるならば，現代の大学の試験のやり方ではオイラーは落第だろうね」とにっこり笑っておっしゃいました．また最後に若い人への一言として，「大学でどのようなコースや専門分野を選ぶべきか，どうすれば効率よく目標に到達できるのか，何が将来役に立つのかなどと思い悩むことなく，あらゆる機会を捉えていろいろなことを学んで欲しい，その結果，道はおのずと開かれるものである」とも言われていました．まったく同感です．

2009年には関節の手術を受けて，手術前は歩行が困難でしたが，そのような中，ワイエルストラス研究所での私の講演に西地区の自宅からわざわざ東地区まで

らしていただき，多大な興味で聴いていただきました．いつも私の研究に興味を持っていただいてありがたい限りです．講演会後の恒例のバイエルン料理屋での昼食会でも参加者との会話を楽しんでいて，痛みがありながらも，このような人生観がいつもの先生なんだなあ～と思いました．

7　結びにかえて

　次に写真を 3 枚添えました．

　1 枚目は 1993 年 2 月にベルリンのシェーネベルク区の閑静な住宅街にあるご自宅に招かれたときの写真です．左からゴレンフロ先生，ご子息のハリー・ゴレンフロさん，そして私です．2 枚目は 2010 年 7 月 31 日に 80 歳の誕生日をベルリン近郊のハーフェル川に浮かぶ島でお祝いしたときのものです．左から 2 番目が先生で，2 人の院生に囲まれています．左から 4 番目からご子息のハリーさん，奥さんのエルザさん，ルーチコ教授夫妻，そして非整数階の拡散方程式についての先生の共同研究者であるボローニャ大学の F. マイナルディ教授夫妻です．前にも述べたようなベルリン近郊での緑と川，湖に囲まれたゴレンフロ・パーテイの雰囲気が伝わります．

　3 枚目は 2010 年の 9 月にケムニッツで開催された逆問題の会議の折に地ビー

写真 1　ゴレンフロ先生のベルリンの自宅にて

写真 2　80 歳の誕生日パーティにて

写真 3　ケムニッツの地ビール屋にて

ル屋を訪れたときのものです．左から私，ゴレンフロ先生，そして小生の共同研究者のオーストリアのグラーツ大学の C. クラーソン博士です．ケムニッツは最初に先生にお会いしたので感慨深い都市であり，このように再会できるのも嬉しい限りです．

　個人的な回想ばかりの拙文がこれから数学を目指そう，あるいは数学を目指し

ている若い人のために，生まれ故郷と離れて数学をする楽しさや関連したことなど，何らかのヒントを含んでいればまことにありがたい限りです．ゴレンフロ先生のご健康をお祈りしつつ，拙稿を閉じたいと思います．

　校正時の追記: 2011 年 3 月 11 日の東日本大震災と原発事故についても先生は親身になって心配していただきました．さらに，第 5 節でもふれた非整数階の拡散方程式は，不均質媒質である土壌中で放射性物質がどのように拡がっていくかのシミュレーションにも使うことができ，原発事故の環境への影響が懸念されている現状で，より確実な予測などに役立てることができるかもしれません．

謝辞：大阪大学数学教室，数学セミナー編集部，長谷川浩司氏，藤原耕二氏，のかたがたから写真をご提供頂きました．ここに御礼を申し上げます．[編集部]

執筆者一覧

青本和彦　　名古屋大学名誉教授
小野　孝　　ジョンズ・ホプキンス大学数学教室
加藤十吉　　九州大学名誉教授
河東泰之　　東京大学大学院数理科学研究科
河野實彦　　熊本大学名誉教授
小谷元子　　東北大学大学院理学研究科
小林昭七　　カリフォルニア大学名誉教授
杉山健一　　千葉大理学部数学・情報数理学科
髙橋陽一郎　東京大学・京都大学名誉教授，東京大学特任教授
高橋礼司　　元ナンシー大学教授
武部尚志　　ロシア国立研究大学経済高等学校数学学部
西川青季　　東北大大学院理学研究科
原田耕一郎　オハイオ州立大学名誉教授
村上　斉　　東京工業大学大学院理工学研究科
村瀬元彦　　カリフォルニア大学デイヴィス校数学教室
山本昌宏　　東京大学大学院数理科学研究科

この数学者に出会えてよかった

2011年6月15日 第1版第1刷発行

編者	数学書房編集部
発行者	横山 伸
発行所	有限会社 数学書房
	101-0051 東京都千代田区神田神保町 1-32-2
	TEL 03-5281-1777
	FAX 03-5281-1778
	mathmath@sugakushobo.co.jp
	http://www.sugakushobo.co.jp
	振替口座 00100-0-372475
印刷 製本	モリモト印刷
装幀	岩崎寿文
編集協力	藤野 健

ⓒSugaku Shobo 2011, Printed in Japan
ISBN 978-4-903342-65-8

《数学との出会い 3 部作》

この数学書がおもしろい　増補新版　　近刊
数学書房編集部編／おもしろい本、お薦めの書、思い出の 1 冊を、数学者、物理学者、工学者などが紹介。新たに執筆者を加え、増補新版として刊行予定。

この定理が美しい
数学書房編集部編／「数学は美しい」と感じたことがありますか? 数学者の目に映る美しい定理とはなにか。熱き思いを 20 名が語る。A5 判・2300 円

Kac 統計的独立性
Mark Kac 著、髙橋陽一郎監修、髙橋陽一郎・中嶋眞澄訳／カッツ珠玉の一冊。確率論、解析学、数論における統計的独立性。A5 判・2100 円

数学語圏　　数学の言葉から創作の階梯へ
志賀弘典著／数学用語、たとえば「自明」という言葉、が広く深い「数学語圏」を開示する。パスカルに始まって日本の情緒に至る創作者の長い階梯が展開される。人文・芸術系の数学。四六判・2300 円

日本の現代数学　　新しい展開をめざして
小川卓克、斎藤毅、中島啓編／若手研究者を中心に 12 人の数学者が、自分の研究テーマ・分野について過去・現在・未来を語る。四六判・2700 円

整数の分割
G. アンドリュース、K. エリクソン共著、佐藤文広訳／オイラー、ルジャンドル、ラマヌジャン、セルバーグなど多くの数学者を魅了し続けた分野初の入門書。これほど少ない予備知識で、これほど深い数学が楽しめるとは！ A5 判・2800 円

数学書房選書 1　　力学と微分方程式
山本義隆著／解析学と微分方程式を力学にそくして語り、同時に、力学を、必要とされる解析学と微分方程式の説明をまじえて展開した。これから学ぼう、また学び直そうというかたに。A5 判・2300 円

本体価格表示

数学書房